盛德诚信企业知识系列丛书

卫生间同层排水系统 设计手册

汤军伟　杨一林　**主编**

西南交大出版社
·成　都·

图书在版编目（CIP）数据

卫生间同层排水系统设计手册 / 汤军伟，杨一林主编. —成都：西南交通大学出版社，2022.10
（盛德诚信企业知识系列丛书）
ISBN 978-7-5643-8952-9

Ⅰ. ①卫… Ⅱ. ①汤… ②杨… Ⅲ. ①房屋建筑设备–排水系统–建筑设计–手册 Ⅳ. ①TU823.1-62

中国版本图书馆 CIP 数据核字（2022）第 192374 号

盛德诚信企业知识系列丛书
Weishengjian Tongceng Paishui Xitong Sheji Shouce

卫生间同层排水系统设计手册

汤军伟　杨一林　　主编

责 任 编 辑	王同晓
封 面 设 计	吴　兵
出 版 发 行	西南交通大学出版社
	（四川省成都市金牛区二环路北一段 111 号
	西南交通大学创新大厦 21 楼）
发 行 部 电 话	028-87600564　028-87600533
邮 政 编 码	610031
网　　　　址	http://www.xnjdcbs.com
印　　　　刷	成都蜀通印务有限责任公司
成 品 尺 寸	148 mm × 210 mm
印　　　　张	5.5
字　　　　数	127 千
版　　　　次	2022 年 10 月第 1 版
印　　　　次	2022 年 10 月第 1 次
书　　　　号	ISBN 978-7-5643-8952-9
定　　　　价	42.00 元

编委会

主　编：汤军伟　杨一林

成　员：谢璐斯　杨春林　李书音

　　　　于宝喜　邹建梁　王　斌

　　　　睢云丽　沙忠金　崔艳丽

　　　　马瑞瑞　黄宏伟　宋越男

前　言

　　《卫生间同层排水系统设计手册》包含卫生间同层排水的全流程设计知识。主要内容包括：总则、编制说明、技术标准、传统排水系统隐患、同层排水系统概述、卫生间同层排水设计标准、卫生间同层排水图纸深化流程、附录等。

　　本书为国内首次对卫生间同层排水系统设计全流程知识进行整理，对于更好地普及同层排水系统知识起到积极作用。

　　本书为北京盛德诚信机电安装有限公司技术部 10 多年的设计经验总结，感谢各位员工为本书提供的素材以及积极地参与编写工作！

　　希望广大读者对本书的内容提出宝贵的修改意见！

杨一林

2022 年 3 月 1 日

目 录

1 总　则

　　本同层排水设计手册，用于指导同层排水产品选型、设计深化和施工，以及不同的同层排水系统的应用场景。以便在建筑项目实施过程中，对整体同层排水的设计质量、问题痛点解决及同层排水的价值梳理提供有效的依据和措施。

　　本同层排水设计手册采用的卫生器具及配件、地漏和管材（件）等产品规格尺寸及主要性能指标均应符合现行国家标准的有关规定，且应符合本手册的有关要求。

　　同层排水工程的设计、施工、验收及维护，除执行本手册要求外，尚应符合现行国家标准的有关规定。

2 编制说明

2.1 编制目的

为规范各项目同层排水系统设计，明确不同类型同层排水系统的应用场景，提升各区域及城市工程项目同层排水系统设计质量，解决同层排水系统的问题痛点，特编制此手册。

2.2 适用范围

本手册适用于所有零降板、微降板及小降板同层排水项目，包括住宅、公寓、别墅、酒店等。

零降板和微降板适用于面积 $4 \sim 7 \text{ m}^2$ 小卫生间，限于采用壁挂式马桶。此做法管道布置空间所需高度 $\leqslant 10 \text{ cm}$（结构面到完成面高度具体做法参见集团标准图集，下同）。

小降板适用于以下三种情况的卫生间：① 采用下排马桶；② 布局受限，壁挂马桶排水支管连接到立管时无法隐蔽而影响装饰；③ 卫生间面积比较大，污废水支管坡度不足。小降板管道布置空间所需高度≥10 cm，约 10~15 cm。

2.3　使用说明

本设计手册作为指导性文件，应用时必须符合现行国家和地方规范。

本设计手册具体应用形式为：在方案及扩初设计阶段作为同层排水产品配置选择依据，在专项设计和施工图设计阶段作为检查和指导依据。

3 技术标准

随着时代的发展与技术的进步,传统排水形式(穿层、大降板)因噪声、维修等一系列问题被逐渐淘汰。国家规范已明确推荐住宅卫生间采用同层排水,多地地方规范或相关管理办法条文也已经明确强制或推荐使用同层排水。

3.1 国家规范

《建筑给水排水设计标准》GB 50015—2019(2020年3月1日起实施)第4.4.6条:"同层排水形式应根据卫生间空间、卫生间器具布置、室外环境气温等因素,经技术经济比较确定。住宅卫生间宜采用不降板同层排水。"见图3-1。

《居住建筑卫生间同层排水系统安装》19S306将"不降板同层排水系统"作为原图集修编的重点内容,见图3-2。

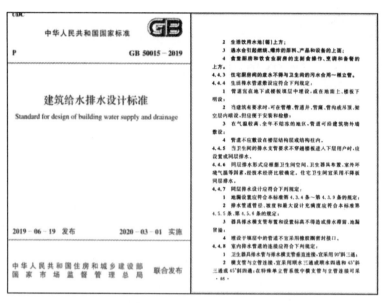

图 3-1 《建筑给水排水设计标准》示例

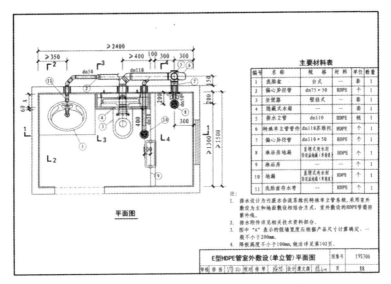

图 3-2 　《居住建筑卫生间同层排水系统安装》示例

3.2　地方标准

　　《北京市住宅设计规范》DB11 1740—2020（2021 年 1 月 1 日起实施）第 10.2.15 条："污废水排水横管应设置在本层套内，实现同层排水。"见图 3-3。

　　《江苏省住宅设计标准》DB32 3920—2020（2021 年 7 月 1 日起实施）第 10.3.19 条："设置在下层住户上方的卫生间排水系统应采用同层排水方式，排水横支管不得穿越楼板进入下层住户空间。"见图 3-4。

图 3-3 《北京市住宅设计规范》示例

图 3-4 《江苏省住宅设计标准》示例

《上海市住宅设计标准》DGJ 08-20—2019（2020 年 1 月 1 日起实施）第 10.0.19 条中第 2 款："厨房和卫生间的排水横管

应设在本套内，不得穿越楼板进入下层住户。"见图 3-5。

图 3-5 《上海市住宅设计标准》示例

《四川省住宅设计标准》DBJ 51/168—2021（2021 年 11 月
1 日起实施）第 10.0.22 条："住宅厨房和卫生间的污废水横管
不得敷设于下层住户的套内空间（阳台除外），且排水横管的立
管均不应穿越任一层的卧室。"见图 3-6。

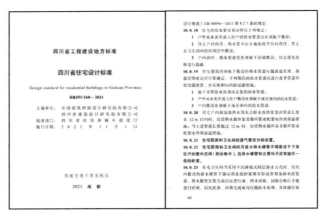

图 3-6 《四川省住宅设计标准》示例

《河北省建筑同层排水工程技术标准》DB13（J）/T 8378—
2020（2021 年 2 月 1 日起实施）第 3.1.5 条："住宅卫生间宜采
用不降板同层排水。"见图 3-7。

图 3-7　《河北省建筑同层排水工程技术标准》示例

3.3　其他相关规范

- 《民用建筑设计统一标准》GB 50352—2019
- 《住宅建筑规范》GB 50368—2005
- 《建筑排水用高密度聚乙烯（HDPE）管材及管件》CJ/T 250—2018
- 《建筑给水排水及采暖工程施工质量验收规范》GB 50242—2002
- 《建筑同层排水工程技术规程》CJJ 232—2016
- 《建筑排水高密度聚乙烯（HDPE）管道工程技术规程》CECS 282：2010

■ 《卫生洁具、便器用重力式冲水装置及洁具机架》GB 26730—2011

■ 《地漏》CJT 186—2018

■ 《住宅室内防水工程技术规范》JGJ 298—2013

■ 《居住建筑节能设计标准》DB 11/891—2020

■ 《绿色建筑评价标准》DB11/T 825—2015

■ 国家和项目所在地现行的其他相关设计规范、规程、规定标准及条例。

4 传统排水系统隐患及弊端

　　传统排水系统采用柔性铸铁管材或 U-PVC 管材，管材本身特性决定其连接方式无法实现分子级连接，抱箍和胶粘等连接方式的使用寿命很大程度上取决于橡胶垫或者 U-PVC 胶水的使用期限，一般为 10～15 年，超过使用期限即会开始出现不同程度的渗漏问题。

　　传统排水系统末端采用旧式 P 形或 S 形存水弯（简称"P 弯"和"S 弯"），这些旧式 P 弯与 S 弯和管道采用承插方式安装，其密封和防水处理一直以来都是工程上的顽疾。

　　传统穿层排水系统的排水横管包括它的 P 弯与 S 弯都是需要穿过楼板在下层住户吊顶内进行铺设的，不但占据了很大的吊顶空间，压低卫生间净层高，而且是最容易堵塞漏水的地方，一旦出现堵塞漏水的问题，需要到下层住户内进行检修，容易引起产权纠纷。这正是传统排水系统最大的弊端。

　　传统排水系统在卫生器具排水的时候，因为 U-PVC 排水管材隔声效果差，建筑做法没有隔声功能，楼下住户可以听到非常明显的排水噪声。

4.1 堵塞问题

传统排水可能出现的堵塞问题如图 4-1 所示。

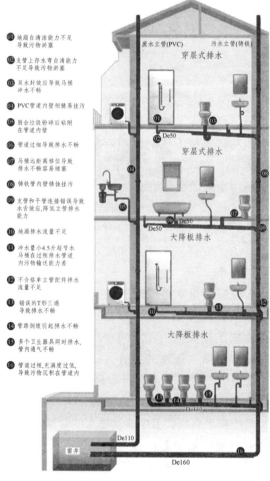

图 4-1 堵塞问题

4.2 渗漏、返臭问题

传统排水可能出现的渗漏、返臭问题如图 4-2 所示。

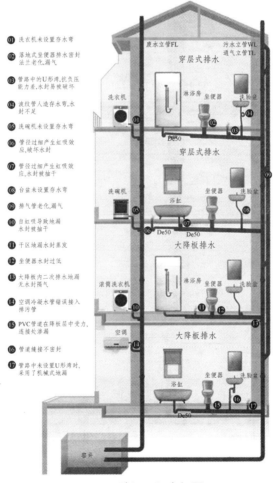

01 洗衣机未设置存水弯

02 落地式坐便器排水密封法兰老化,漏气

03 管路中的U形湾,抗负压能力差,水封易破坏

04 波纹管人造存水弯,水封不足

05 洗碗机未设置存水弯

06 管径过细产生虹吸效应,破坏水封

07 管径过细产生虹吸效应,水封被抽干

08 台盆未设置存水弯

09 排气管老化,漏气

10 自虹吸导致地漏水封被抽干

11 干区地漏水封蒸发

12 坐便器水封过低

13 大降板内二次排水地漏无水封隔气

14 空调冷凝水管错误接入排污管

15 PVC管道在降板层中受力,连接处渗漏

16 管道缝接不密封

17 管路中未设置U形湾时,采用了机械式地漏

图 4-2 渗漏、返臭问题

4.3 噪声问题

传统排水可能出现的噪声问题如图 4-3 所示。

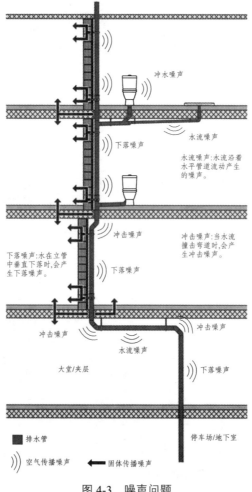

图 4-3　噪声问题

5 同层排水系统概述

5.1 同层排水系统的定义和分类

同层排水的定义是器具排水管和排水支管不穿越本层楼板到下层空间，与卫生器具同层敷设并接入排水立管的排水系统。

同层排水系统从类型上可分为零降板/微降板墙排式同层排水系统、小降板同层排水系统及大降板同层排水系统。具体如下：

（1）零降板/微降板墙排式同层排水系统。

卫生间管道布置空间占垫层高度≤10 cm的，统称为零降板/微降板墙排式同层排水系统。

（2）小降板同层排水系统。

卫生间管道布置空间占垫层高度 10~15 cm 的，统称为小降板同层排水系统。

（3）大降板同层排水系统。

卫生间管道布置空间占垫层高度 15~25 cm 的，统称为大降板同层排水系统，主要针对采用 U-PVC 排水管材和落地下排水式马桶的卫生间。

5.2 零降板/微降板墙排式同层排水

零降板/微降板墙排式同层排水做法示意如图 5-1。

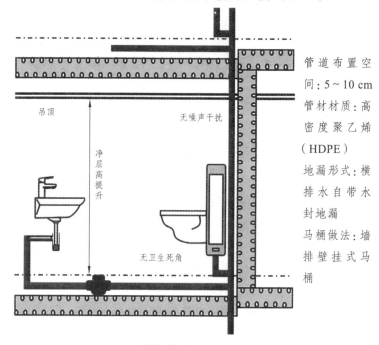

管道布置空间：5~10 cm
管材材质：高密度聚乙烯（HDPE）
地漏形式：横排水自带水封地漏
马桶做法：墙排壁挂式马桶

图 5-1 零降板/微降板同层排水做法示意

零降板/微降板墙排式同层排水做法优缺点：

（1）优点。

①排水支管同层安装，不穿越本层楼板进入下一层，产权明晰；

②采用优质 HDPE 管材，热熔或电熔连接，杜绝渗漏隐患；

③HDPE 管材使用年限长，抗挤压抗冲击能力强；

④马桶水箱隐藏在假墙内，噪声低，施工改造比较方

⑤ 布局灵活，业主可以根据自己的风格设计卫生间洁具布局；

⑥ 壁挂式马桶无卫生死角，方便打理，且能增加垂直储物空间；

⑦ 小降板结构做法增加卫生间净层高，空间不再压抑；

⑧ 施工前管道可进行预制，节省工期；

⑨ 面板口就是水箱检修口，水箱内零部件清洗检、修方便。

（2）缺点。

① 无法采用落地下排水马桶。

② 设计时管道须避免交叉，误差容余量小。

5.3 小降板同层排水

小降板同层排水做法示意如图 5-2。

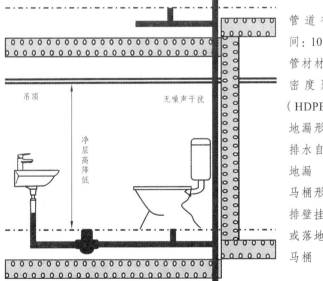

管道布置空间：10~15 cm

管材材质：高密度聚乙烯（HDPE）

地漏形式：横排水自带水封地漏

马桶形式：墙排壁挂式马桶或落地下排水马桶

图 5-2　小降板同层排水示意

小降板同层排水做法优缺点：

（1）优点。

① 排水支管同层安装，不穿越本层楼板进入下一层，产权明晰；

② HDPE 管材使用年限长，抗挤压、抗冲击能力强；

③ 采用热熔/电熔连接方式，杜绝渗漏隐患；

④ 管材可预制，节省工期；

⑤ 管道铺设空间大，容错率较高，不受卫生间平面布局和大面积卫生间等限制；

⑥ 马桶选型不受限制，可选用普通下排马桶，可选类型比较多。

（2）缺点。

① 结构降板尺寸大，增加结构和回填费用，增加土建成本；

② 结构降板尺寸大，降低卫生间净层高。

6 卫生间同层排水系统设计标准

6.1 卫生间平面布局要求

1. 零降板/微降板典型卫生间布局及排水路由平面图

零降板/微降板典型卫生间布局及排水路由平面图见图 6-1 ~ 图 6-3。

2. 零降板/微降板卫生间布局原则

以图 6-4 中卫生间平面布局示意图为例，零降板/微降板卫生间平面布局原则如下：

（1）排水立管宜设在排水量最大，靠近最脏、杂质最多部位的排水点；

（2）立管应尽量靠近马桶，马桶与立管最好安装在卫生间同一侧内墙上；

（3）敷设排水横支管至立管时，必须保证垫层厚度满足管道路由排水坡度最小 1% 的走坡空间，严禁倒坡；

（4）卫生器具至立管的距离应最短，管道转弯应最少；

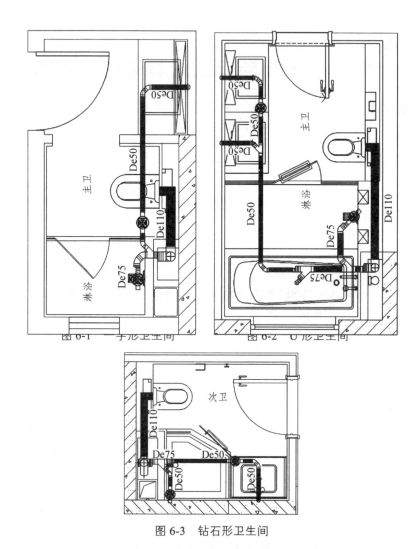

图 6-3　钻石形卫生间

（5）卫生间立管管井不应紧邻卧室墙壁，应设置在其他面墙壁前，尽量减少排水噪声对卧室的干扰。

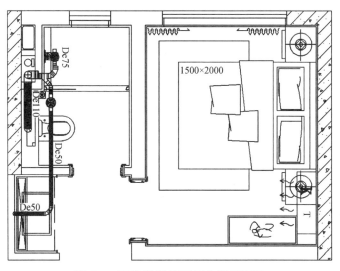

图 6-4 零降板/微降板卫生间平面图

3. 小降板典型卫生间布局及排水路由平面图

小降板典型卫生间布局及排水路由平面图见图 6-5～图 6-7。

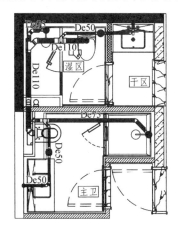

图 6-5 共用立管卫生间

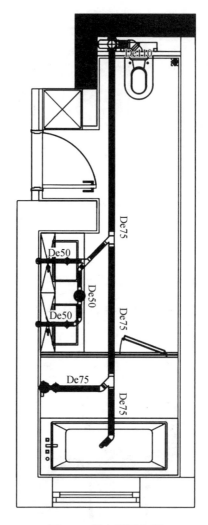

图 6-6　超大型卫生间

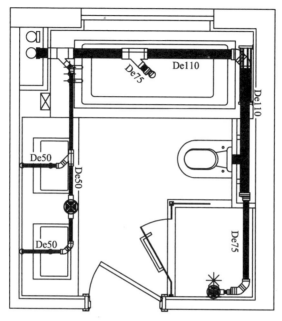

图 6-7　布局受限卫生间

4. 小降板卫生间布局原则

以图 6-5～图 6-7 中卫生间平面布局示意图为例，小降板卫生间平面布局原则如下：

（1）排水立管宜设在卫生间墙角处，不应紧邻卧室墙壁；

（2）排水器具和卫生间尽量呈条形布置，结构降板采用局部条形降板；

（3）当卫生间面积比较小，小于 4 m² 时，采用卫生间整体降板做法（地方规范要求降板面积占比的除外）；

（4）小降板卫生间支管可采用污废合流，但是地漏不宜设置在马桶下游及浴缸下游，若无法避免，需将管线接入点拉长，避免上游排水时造成地漏返溢，参考图 6-8。对于要求污废分流的项目，须按照相关规范要求，将立管和支管进行分流设置。污废分流可更好地减少马桶排水时对于地漏、洗脸盆等末端存水弯水封的冲击，降低返臭风险。

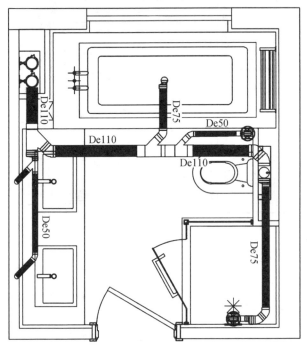

图 6-8　小降板卫生间平面图

6.2　卫生间空间要求（推荐）

6.2.1　单个卫生器具的空间要求

（1）隐蔽式水箱坐便器的空间要求，见表 6-1。

表 6-1　隐蔽式水箱坐便器的空间要求

	项目	平均	最小	舒适
	卫生器具宽度 a	40	38	45
	卫生器具深度 b	56	49	62
	运动区域 A	60	55	75
	运动区域 B	125	105	145

（2）一体式坐便器的空间要求，见表 6-2。

表 6-2　一体式坐便器的空间要求

	项目	平均	最小	舒适
	卫生器具宽度 a	40	38	45
	卫生器具深度 b	67	60	71
	运动区域 A	60	55	75
	运动区域 B	130	110	150

（3）洗脸盆的空间要求，见表 6-3。

表 6-3　洗脸盆的空间要求

	项目	平均	最小	舒适
	卫生器具宽度 a	60	50	65
	卫生器具深度 b	45	35	55
	运动区域 A	75	60	90
	运动区域 B	110	90	130

（4）小便斗的空间要求，见表 6-4。

表 6-4　小便斗的空间要求

项目	平均	最小	舒适
卫生器具宽度 a	40	35	45
卫生器具深度 b	40	35	45
运动区域 A	70	60	80
运动区域 B	90	80	100

（5）浴缸的空间要求，见表 6-5。

表 6-5　浴缸的空间要求

项目	平均	最小	舒适
卫生器具宽度 a	170	160	180
卫生器具深度 b	75	70	80
运动区域 A	110	100	120
运动区域 B	130	120	150

（6）淋浴的空间要求，见表 6-6。

表 6-6　淋浴的空间要求

项目	平均	最小	舒适
卫生器具宽度 a	90	80	100
卫生器具深度 b	90	80	100
运动区域 A	90	80	100
运动区域 B	150	130	170

6.2.2　卫生间整体空间要求（推荐）

（1）坐便器、洗脸盆和浴缸的空间要求，见表 6-7。

表 6-7 坐便器、洗脸盆和浴缸的空间要求

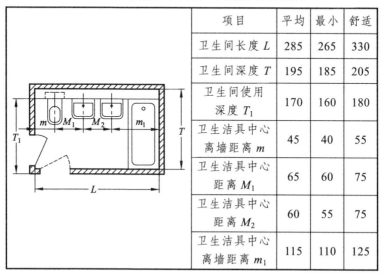

项目	平均	最小	舒适
卫生间长度 L	220	205	255
卫生间深度 T	195	185	205
卫生间使用深度 T_1	170	160	180
卫生洁具中心离墙距离 m	45	40	55
卫生洁具中心距离 M	60	55	75
卫生洁具中心离墙距离 m_1	115	110	125

（2）坐便器、双洗脸盆和浴缸的空间要求，见表 6-8。

表 6-8 坐便器、双洗脸盆和浴缸的空间要求

项目	平均	最小	舒适
卫生间长度 L	285	265	330
卫生间深度 T	195	185	205
卫生间使用深度 T_1	170	160	180
卫生洁具中心离墙距离 m	45	40	55
卫生洁具中心距离 M_1	65	60	75
卫生洁具中心距离 M_2	60	55	75
卫生洁具中心离墙距离 m_1	115	110	125

（3）坐便器和洗脸盆的空间要求，见表 6-9。

表 6-9　坐便器和洗脸盆的空间要求

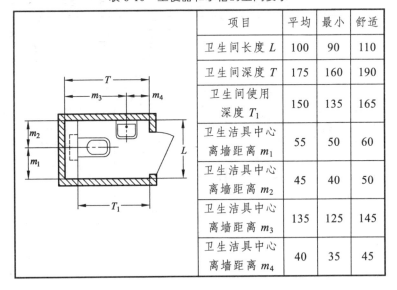

项目	平均	最小	舒适
卫生间长度 L	150	135	185
卫生间深度 T	175	165	185
卫生间使用深度 T_1	150	140	160
卫生洁具中心离墙距离 m	45	40	55
卫生洁具中心距离 M	60	55	75

（4）坐便器和水槽的空间要求，见表 6-10。

表 6-10　坐便器和水槽的空间要求

项目	平均	最小	舒适
卫生间长度 L	100	90	110
卫生间深度 T	175	160	190
卫生间使用深度 T_1	150	135	165
卫生洁具中心离墙距离 m_1	55	50	60
卫生洁具中心离墙距离 m_2	45	40	50
卫生洁具中心离墙距离 m_3	135	125	145
卫生洁具中心离墙距离 m_4	40	35	45

（5）洗手盆和淋浴的空间要求，见表 6-11。

表 6-11 洗脸盆和淋浴的空间要求

项目	平均	最小	舒适
卫生间长度 L	180	160	205
卫生间深度 T	185	175	195
卫生间使用深度 T_1	160	150	170
卫生洁具中心离墙距离 m	45	40	55
卫生洁具中心距离 m_1	135	120	150

6.3 卫生间防水

卫生间防水施工是指预防卫生间漏水而做的工程，卫生间的结构和用途决定了卫生间防水的复杂性和重要性。如何做好卫生间防水是大家都无比关心的问题，是居民日常生活的保证。既不能让卫生间的水漏到楼下，也不能让水渗透到建筑物中，因此为了邻居关系和楼层安全着想，必须做好卫生间的防水工程。

6.3.1 卫生间防水一般要求

（1）自身无防护功能的柔性防水层应设置保护层，保护层或饰面层应符合下列规定：

①地面饰面层为石材、厚质地砖时，防水层上应用不小于 20 mm 厚的 1∶3 水泥砂浆做保护层；

② 地面饰面为瓷砖、水泥砂浆时，防水层上应浇筑不小于 30 mm 厚的细石混凝土做保护层；

③ 墙面防水高度高于 250 mm 时，防水层上应采取防止饰面层起壳剥落的措施。

（2）楼地面向地漏处的排水坡度不宜小于 1%，地面不得有积水现象。

6.3.2 卫生间防水做法

卫生间防水做法如图 6-9。

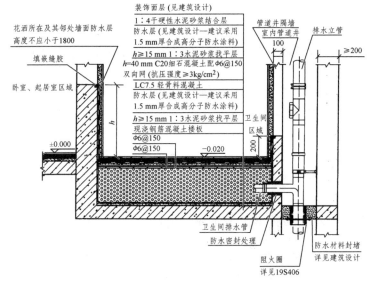

图 6-9 卫生间防水做法节点大样图

6.4 卫生间噪声

随着经济的发展，人们的生活水平也有所提高，对环境的要求也越来越高。噪声是一种对人们生活与身心健康有害的声音，被认为是危害人类生活的主要公害之一。

一般声音在 30 dB（A）左右时，不会影响正常的生活和休息；高过 50 dB（A），就对人类日常工作生活产生有害影响，包括干扰生活工作、影响睡眠、损伤听力、伤害心脏血管健康、诱发多种疾病等。噪声级别数值如图 6-10。

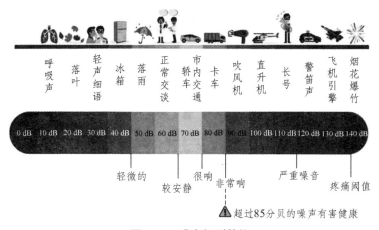

图 6-10　噪声级别数值

6.4.1 卫生间噪声源

1. 机械噪声

据资料显示，现代家庭洗衣机拥有量占 90%左右，这些洗衣机有的是放在卫生间内，洗衣时机械振动，声音通过楼板、墙、空气向外传播。

此外，现代新建住宅供水采用无水塔供水，机械设在楼底层，开动时发出的嗡嗡声昼夜不停。有些无塔供水的住宅，压力水很难达到住宅的顶层，住户必须自装增压泵，水泵开启时噪声相当大，夜深时格外刺耳。

2. 管道噪声

随着居民生活水平的不断提高，卫生间由原来功能单一的如厕逐渐向洗衣、洗漱、洗浴等多功能发展，增加了给水（冷水和热水）、排水、通风等管道。这些管道都必须进出卫生间，与浴池、洗脸盆连接。

① 给水管及配件产生噪声。这种噪声与给水压力、水流流速、材质有关。水压力与供水压力和楼层有关，较高层用户水压较大，开启阀门时水流较大，水与管内壁摩擦而产生噪声、水流经过弯头与三通等配件时产生噪声，或是水龙头开启时都产生噪声。噪声与给水管的材质也有关，材质比重越大，噪声越小，比重越小，噪声越大。

② 排水管道产生噪声。污水排出时流经存水弯、弯头、支管、干管，管道空气被压缩抽吸产生噪声，水流冲击配件弯头和三通时产生噪声，管径变化时水流冲击也产生噪声。

③ 卫生器具产生噪声。卫生器具使用时会产生冲水噪声和排水噪声两种。冲水时由于水流冲击管壁或水体发生哗哗声，卫生器具排水时由于抽吸现象吸入空气产生呲呲声。

6.4.2　噪声传播方式及控制

噪声的传播途径可概括为两大类：空气传声和固体传声。

1. 空气传声及控制

空气传声是指声源直接激发空气振动产生的声波，通过空气作为传声媒质。例如，机械噪声和管道噪声向空气中辐射声波，当然空气传声也可以经墙壁、楼板等建筑物构件振动传递，再以空气传声的形式辐射出去，如图 6-11。

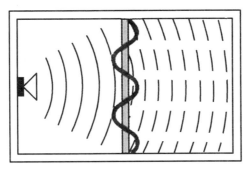

图 6-11　空气传声原理

可通过封装降低空气传声，封装材料的质量越大，降噪效果越好。

2. 固体传声及控制

固体传声是声源直接激发结构振动产生噪声，因此也称结构传声。结构振动以弹性波形式在墙壁、楼板、梁、柱等构件中传播，同时在传播途径中向周围空气辐射噪声，如敲击墙壁、门窗，固定在墙面上的管道振动等，激起固体振动而辐射噪声，如图 6-12。

可通过适当的隔离（弹性紧固件）降低固体传声。

不过，实际的传播途径是错综复杂的，往往是两种噪声的组合，例如安装在墙面上的给排水管道，管道振动产生空气声，然后通过墙壁、楼板等构件向相邻的空间辐射噪声，同时管道振动时直接激发了楼板的弯曲振动，通过邻近各种构件传递，最后辐射出空气声，人们所感受到的噪声是两种噪声的组合；同时，在不同空间所感受到的噪声级和心理期望及接受度也是不同的。因此，在实际应用中，应根据不同情况和客户需求提供针对性的系统降噪解决方案。

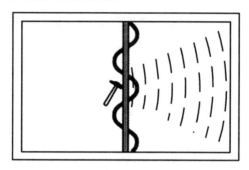

图 6-12　固体传声原理

6.4.3　卫生间噪声要求

现行与噪声有关的国家标准有《民用建筑隔声设计规范》GB 50118—2010 和《民用建筑设计通则》GB 50352—2005，这两个标准对民用建筑的室内允许噪声级做了明确要求。

《民用建筑隔声设计规范》GB 50118—2010 的要求见表 6-12 和表 6-13。

表 6-12　卧室、起居室（厅）内的允许噪声级

房间名称	允许噪声级/dB（A）	
	昼间	夜间
卧室	≤45	≤37
起居室（厅）	≤45	

表 6-13　高要求住宅的卧室、起居室（厅）内的允许噪声级

房间名称	允许噪声级/dB（A）	
	昼间	夜间
卧室	≤40	≤30
起居室（厅）	≤40	

注：① 室内允许噪声级应为关窗状态下昼间和夜间时段的标准值；

② 昼间和夜间时段所对应的时间分别为：昼间，6:00—22:00；夜间，22:00—次日 6:00；或者按照当地人民政府的规定。

《民用建筑设计通则》GB 50352—2005 的要求见表 6-14。

表 6-14　室内允许噪声级（昼间）

建筑类别	房间名称	允许噪声级/dB（A）			
		特级	一级	二级	三级
住宅	卧室、书房	—	≤40	≤45	≤50
	起居室	—	≤45	≤50	≤50

注：① 夜间室内允许噪声级的数值比昼间小 10 dB（A）。

② 针对卫生间和管道，特别是给排水系统的噪声级要求，现阶段尚无国家标准可遵循。

6.4.4　卫生间噪声控制措施

卫生间噪声的主要控制措施如下：

① 声学规划：水管井远离对降噪有特殊要求的房间，比如卧室，见图 6-13。

② 静音排水管：从源头上降低排水噪声，见图 6-13。

③ 假墙功能：管道藏在假墙内，排水噪声被有效降低，见

图 6-13。

④ 同层排水：排水管不穿越楼板，避免噪声穿透楼板。

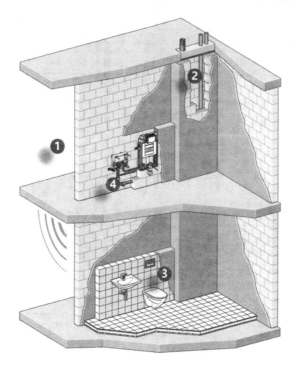

图 6-13　主要控制措施

1. 管材降噪

高密度聚乙烯静音（DB20）管道（图 6-14），质量相比普通高密度聚乙烯（HDPE）更大；同时在配件冲击区设置消声肋，配合其他多种系统消声措施，有效地隔绝固体传声和空气传声，确保排水系统更宁谧、清静。

除了普通高密度聚乙烯（HDPE）管道的优点以外，高密度聚乙烯静音管道（DB20）还有以下优点：

图 6-14　高密度聚乙烯静音管件消声肋

（1）有效隔声和降噪：有效的降噪归功于管道自有的重量。增加静音管道和配件的固有重量，有效降低其自然振动，进而提升隔音效果。

（2）隔音筋板，内置隔声：特殊的隔音筋板降低了撞击区域的噪声。

（3）适用各种情况下的连接，对焊连接，电熔焊接和卡箍连接：无论是快速的电熔焊接，卡箍连接还是对焊连接，高密度聚乙烯静音管和管配件均可非常可靠的连接。

（4）创新的配件，专业满足各种棘手的需求：持续研发管道系统，例如使用高密度聚乙烯静音管，马桶和淋浴排水配合使用 88.5° 顺水三通可降低楼板高度。

（5）可靠的适配器，最经济的隔音方案：特殊的适配器可用于高密度聚乙烯管或高密度聚乙烯静音管连接。

（6）提供 56～160 mm 不同管径的高密度聚乙烯静音排水管道产品，包括 56 mm、63 mm、75 mm、90 mm、110 mm、135 mm 和 160 mm。

⚠高密度聚乙烯静音排水管道不能用于虹吸系统。

2. 管道外敷消声棉降噪

同层排水降噪除直接采用静音 HDPE 管材外，也可以采用在普通 HDPE 排水管道（全套排水系统，包括横支干管及立管）外壁包裹橡塑消声棉的方式。橡塑消声棉一般厚度为 3 ~ 3.5 cm，以减小排水管道噪声向管井内释放，以达到排水系统降噪的目的。具体做法如图 6-15。

Ⅰ. 在管道周围放置隔声垫。

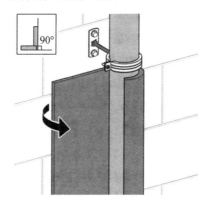

Ⅱ. 粘贴式隔声垫。

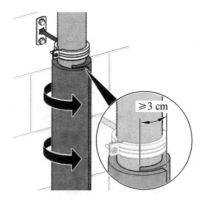

Ⅲ. 用合适的绝缘胶带把材料重叠起来。

Ⅳ. 将隔声垫与绑扎金属丝牢固地黏合在一起。

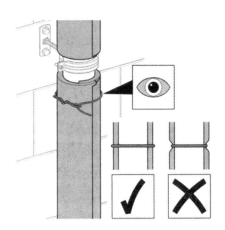

Ⅴ．连接线。

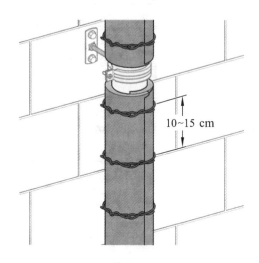

Ⅵ．在管道支架周围缠上隔声垫，然后贴在一起。

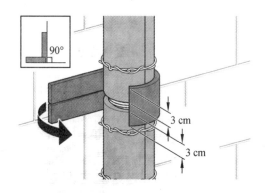

Ⅶ. 将隔声垫与绑扎金属丝牢固地黏合在一起。

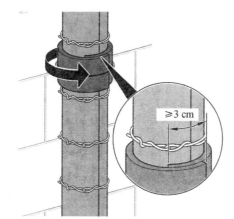

≥3 cm

Ⅷ. 用合适的绝缘胶带把材料重叠起来。

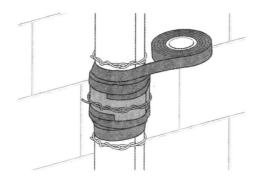

图 6-15　管道外敷消声棉降噪做法

6.4.5　HDPE 管材噪声测试

测试条件：背景噪声为 25 dB（建材院的噪声实验室）。但在实际居住情况下，背景噪声一般为 38～42 dB，背景噪声的大小很大程度上决定了现场冲水实测噪声。

测试方式：模拟实际住宅场景，搭建 3 层测试场地，楼上冲水，分别在楼下卫生间和客厅测试马桶冲水时噪声值。

现场制作管井的材料为工地常见的轻质砌块砖，管道消声包裹材料为 3 cm 厚橡塑保温棉。测试数据详见表 6-15。

表 6-15　HDPE 管材噪声数据表

管材	试验方案	冲水量	背景噪声/dB	空气噪声/dB	30 dB以上持续时间/s	结构噪声/dB	30 dB以上持续时间/s
静音 HDPE（DB20）管材	管井+橡塑消声棉	3 L	25	28	1.2	27	0
		6 L		30	2.6	28	0
	管井+裸管	3 L	25	30	2.2	29	0
		6 L		32	2.8	29	0
普通 HDPE 管材	管井+橡塑消声棉	3 L	25	30	2.4	28	0
		6 L		35	4.8	30	1.5
	管井+裸管	3 L	25	35	4	29	0
		6 L		39	6.4	30	3.2

6.5　卫生间同层排水对管材要求

建筑排水管道管材选用应根据建筑物高度、使用性质、抗震与防火要求、施工安装、技术经济等方面综合考虑；同时还要考虑当地的管材供应条件，因地制宜地选用。

同层排水（包括零降/微降板和小降板）管材应全部选用高密度聚乙烯（HDPE）管材，严禁使用 U-PVC 管材。

HDPE 管材品质在很大程度上取决于原材料的选择和内部洁净回用料使用的比率，同一项目排水系统中管材、地漏和水箱等均应为同一品牌，以保证接口连接处的施工质量。管道支吊架宜由管材生产厂配套供应。尤其是塑料管，由于其线膨胀系数大，管道伸缩变形量大，固定支架位置的设置，支架的受力特征和断面尺寸，都需要合理配置，以保证排水管系工况的正常，在此予以强调。

6.5.1　高密度聚乙烯管材介绍

高密度聚乙烯（HDPE）是一种结晶度高、非极性的热塑性树脂。

高密度聚乙烯排水管是以高密度聚乙烯（HDPE）为主要原料，采用挤出成型工艺制成的用于无内压作用的热塑性塑料圆管的统称。高密度聚乙烯（HDPE）排水管是传统的钢铁管材、聚氯乙烯排水管（PVC）的换代产品，它主要承担雨水、污水、农田排灌等排水的任务，广泛用于公路、铁路路基、地铁工程、废弃物填埋场、隧道、绿化带、运动场及含水量偏高引起的边坡防护等排水领域，以及农业、园艺之地下灌溉、排水系统。

高密度聚乙烯管材可提供 50～315 mm 不同管径的排水管道产品（图 6-16），包括 50 mm、56 mm、63 mm、75 mm、90 mm、110 mm、125 mm、160 mm、200 mm、250 mm 和 315 mm。

高密度聚乙烯（HDPE）排水管道产品包括各种管配件（图 6-17），可广泛应用于以下系统：

（1）建筑排水；

（2）传统屋面雨水排水系统；

（3）虹吸式屋面雨水排水系统；

（4）地面排水系统；

（5）工业排水。

图 6-16   高密度聚乙烯管材管径细分

图 6-17   高密度聚乙烯（HDPE）排水管道产品

6.5.2   高密度聚乙烯（HDPE）排水管道分类

高密度聚乙烯（HDPE）管材由原料塑胶颗粒经挤压加工制成，内部光滑、管壁厚度大、耐摩擦、质量轻，在降低排水噪

声方面有明显效果。市面上 HDPE 管材分为普通 HDPE 管材
（图 6-18）和静音 HDPE 管材（DB20 管材）（图 6-19）两种。

图 6-18　普通 HDPE 管材

图 6-19　静音 HDPE 管材（DB20 管）

6.5.3　高密度聚乙烯（HDPE）排水管道连接方式

　　高密度聚乙烯（HDPE）排水管道系统提供了灵活多样的连
接方法（表 6-16），适用于各种环境情况下的安装。高密度聚乙
烯静音管道（DB20）系统也能使用这些连接方式。

表 6-16　高密度聚乙烯（HDPE）管道连接方式应用

连接方式	应用			
	刚性连接，不可拆卸	刚性连接，可拆卸	非刚性连接，不可拆卸	非刚性连接，可拆卸
对焊连接	√			
电熔管箍连接	√			
带密封圈的承插连接				√
螺纹连接				√

续表

连接方式	应用			
	刚性连接，不可拆卸	刚性连接，可拆卸	非刚性连接，不可拆卸	非刚性连接，可拆卸
膨胀伸缩节连接			√	
法兰连接		√		
抱箍连接				√

　　不同管径 HDPE 管道的连接方式各有区别，具体要求详见表 6-17。

表 6-17　不同管径 HDPE 管道的连接方式

管径/De	50	56	63	75	90	110	125	160	200	250	315
连接方式	手动、操作平台热熔、电熔				操作平台热熔、电熔						

1. 对焊连接

所有管径的管道和管件都能用对焊连接。对焊连接是一种最简单的管道管件连接方法，它为整个系统的预制安装提供了许多方便有利的条件，HDPE 管材用此方法焊接时不需其他部件，见图 6-20。

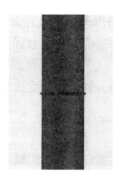

图 6-20　对焊连接

无论预制安装是在现场还是在车间里，或是在各种环境下都用此焊接法。以下是完成一个完美的焊接过程所需要的条件：保持焊接部位、管道及电热板的清洁度，正确的焊接温度，焊接连接过程中施加相应的力，焊接切断面必须是垂直 90°，必须通过刨刀刨平，手不允许接触切割面。

对焊只占据了很小的断面空间，焊接边缘不会干扰管道，事实上管道内部横截面没有任何变化。焊接分布面十分复杂地组合在一个很小的面层上，所以它几乎不浪费丝毫的管材。通过对焊连接法，管子长度和弯头连接处都得到充分利用。

对焊容许的厚度几乎和管道的壁厚差不多，具体要求详见表 6-18。

表 6-18　不同管径 HDPE 管道的对焊厚度

管径/mm	50 ~ 75	90	110	125	160	200	250	315
对焊厚度/mm	3	4	5	5	7	7	8	10

2. 电熔管箍连接

50 ~ 315 mm 管径的管道和管件都能用电熔管箍连接法焊接，见图 6-21。它是一种简单、可靠的快速连接方法，它的性能特点：刚性连接，不可拆卸，易于使用，连接可靠、简单、快捷。小管径的管箍具有很大的优势。

电熔管箍连接常用于现场焊接、改装、加补安装和修补。

（a）电熔连接

（b）50 ~ 160 mm 电熔管箍　　　（c）200 ~ 315 mm 电熔管箍

图 6-21　电熔管箍连接

3. 带密封圈的承插连接

带密封圈的承插连接适用于管径 50 ~ 160 mm 的管道及管件连接，见图 6-22。它的性能特点：非刚性连接，可拆卸；能用在水平管道或垂直管道系统安装中；当安装空间受限制时，这种普通的小尺寸连接法就具有一定的优势；安装备用空间狭小时，这种连接法仍可以进行简单的装配或拆卸。

图 6-22　HDPE 密封圈接头

带密封圈的承插连接件带黄色保护帽，防止在装配未完成阶段有垃圾进入。

对于带密封圈的承插连接法的安装指南也适用于螺纹连接法。有效的套筒长度，即图 6-23 中从 O 形密封圈到承插口端部的距离决定了最大可以连接的管道的长度，即每 15 mm 的承插口长度可以允许插入 1 m 的 HDPE 管道。

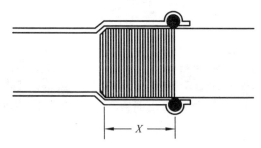

图 6-23　密封圈接头 X 的长度

插入密封圈接头之前，先把管件末端倒角成 15°，然后用软（钾）皂、硅酮或凡士林润滑表面。禁止用矿物油或油脂润滑，以免破坏橡胶密封圈。

4. 螺纹连接

螺纹连接适用于管径 50～110 mm 的管道及管件连接，见图 6-24。它的性能特点：非刚性连接，可拆卸。

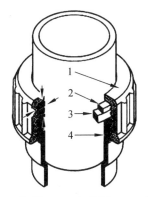

1—螺帽；2—垫圈；3—密封圈；4—螺纹丝扣。

图 6-24　螺纹连接件

螺纹连接法通常用于那些需要很简单就能拆卸连接件的各种预制安装场合，以及与下水存水弯、淋浴盆的连接。

丝扣件必须用密封圈压紧，只有极小的密封圈表面积与水接触。

如果需要避免轴向拉力把管道从丝扣连接中拔出来的情况，必须用法兰衬管来保护连接件免受轴向拉力的影响。在近地面或近楼板处安装管道时，如相邻两管件（三通弯头套管）之间的管长超过 2 m 时，建议使用带法兰衬管的螺纹连接件，见图 6-25。

丝扣件和法兰衬管必须用密封圈压紧。

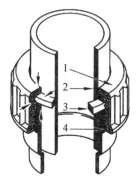

1—螺帽；2—垫圈；3—密封圈；4—螺纹丝扣。

图 6-25　法兰衬管的螺纹连接件

5. 膨胀伸缩节连接

膨胀伸缩节连接适用于管径 50～315 mm 的管道及管件连接，见图 6-26。它的性能特点：非刚性连接，不可拆卸。

（a）普通款　　　　　（b）静音款

图 6-26　膨胀伸缩节

　　独特形状的密封圈设计既使得管道在热胀冷缩过程中能在膨胀伸缩节中微滑，而且能保证即使受到很大的压力负荷，接口处仍能保证密封性。

　　一个牢固的锚固管卡必须安装在承插式伸缩短管后面以防在热胀冷缩过程中承插管的位置移动。以下条件对于安装一个简单且完美的膨胀伸缩节是至关重要的：

　　（1）管道嵌入端的倒角度不能小于 15°；

　　（2）检查膨胀伸缩节外表面的嵌入深度；

　　（3）在管道上标注嵌入深度。

　　（4）用软（钾）皂、硅酮或凡士林仔细地润滑管端表面。

　　（5）粘接或热熔连接的塑料排水立管应根据其管道的伸缩量设置伸缩节，伸缩节宜设置在汇合配件处。排水横管应设置专用伸缩节。

　　⚠禁止用矿物油或油脂润滑，以免破坏橡胶密封圈。

　　图 6-27、图 6-28 和表 6-19 为 HDPE 膨胀伸缩节（De 110 mm）分别在 0 ℃ 和 20 ℃ 环境温度下插入深度之间的差异。

　　⚠无论任何情况下，都不允许把带密封圈的配件或承插式伸缩短管埋于混凝土内。

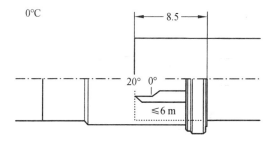

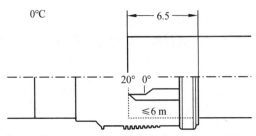

图 6-27 普通和静音 HDPE 膨胀伸缩节（De110 mm）插入深度示意
（安装温度为 0 ℃）

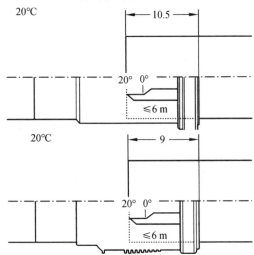

图 6-28 普通和静音 HDPE 膨胀伸缩节（De110 mm）插入深度示意
（安装温度为 20 ℃）

表 6-19 插入深度取决于膨胀伸缩节的尺寸和安装温度

管径 De/mm	安装时温度						
	−10 ℃	0 ℃	10 ℃	20 ℃	30 ℃	40 ℃	50 ℃
	承插深度/cm						
50～56	6.5	7.5	8.5	9.5	11.0	12.0	13.0
63～90	7.0	8.0	9.5	10.5	11.5	12.5	13.5

续表

管径 De/mm	安装时温度						
	-10 ℃	0 ℃	10 ℃	20 ℃	30 ℃	40 ℃	50 ℃
	承插深度/cm						
110	7.5	8.5	9.5	10.5	12.0	13.0	14.0
120~160	8.0	9.0	10.0	11.0	12.0	13.5	14.5
200~315	17.0	18.0	19.0	19.0	21.5	22.5	23.5

粘接或热熔连接的塑料排水立管应根据管道的伸缩量设置伸缩节，伸缩节宜设置在汇合配件处。排水横管应设置专用伸缩节。如无特殊要求，伸缩节间距不得大于 4 m。埋地或埋设于墙体内的塑料排水管可不设伸缩节。

6. 法兰连接

法兰连接适用于管径 50~315 mm 的管道及管件连接，见图 6-29。它的性能特点：刚性连接，可拆卸。

法兰连接法通常作为低压输送管线上可拆卸的连接件，同时提供了高密度聚乙烯（HDPE）管道与铁管及钢管最简单的连接方法。

法兰盲板可用在检查口开口上。

7. 抱箍连接

抱箍连接适用于管径 50~315 mm 的管道及管件连接，见图 6-30。它的性能特点：非刚性连接，可拆卸。

抱箍连接件有多种功能，可以经常用作第三方材料以及任何其他类型连接的适配器。

当这些卡箍用作高密度聚乙烯（HDPE）管道或管件的接头时，必须首先将适当的加强环装进管道或管件的端部。

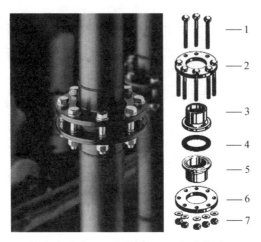

1—螺栓；2—松套法兰盘，PE 覆层；3—法兰接头；4—密封圈；
5—法兰接头；6—松套法兰盘；7—螺母。

图 6-29　法兰连接

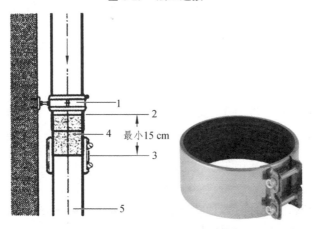

1—锚固管卡；2—对焊焊缝；3—抱箍连接件；4—PE 转接头，
内有加强环；5—钢管/铸铁管/水泥管。

图 6-30　抱箍连接

6.6 立管系统设置要求

6.6.1 立管支架设置要求

锚固管卡是用以承受管道重力荷载，约束管道支吊点处垂直方向和水平方向位移的刚性支架。

1. 膨胀伸缩节锚固支架安装

锚固点设计有合适的和足够坚固的管支架，固定在膨胀伸缩节固定卡槽上，见图 6-31。

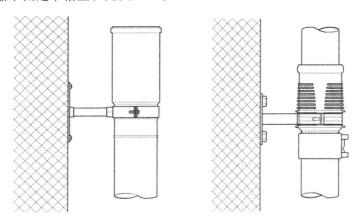

图 6-31　固定在膨胀伸缩节上的锚固支架

2. 电焊圈锚固支架安装

水平或者垂直管段没有伸缩节锚固卡槽时，可采用电焊圈搭配锚固管卡对直管段进行锚固，见图 6-32。

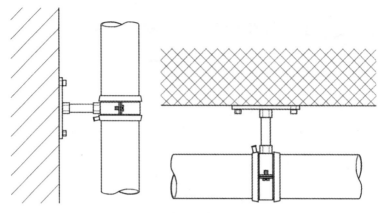

图 6-32　直管段电焊圈锚固支架

3. 两个电焊管箍锚固支架安装

水平或者垂直管段没有伸缩节锚固卡槽时，可采用两个电焊管箍搭配管卡对直管段进行锚固，见图 6-33。

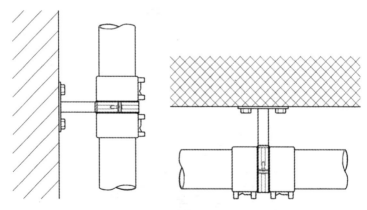

图 6-33　直管段两个电焊管箍锚固支架

4. 直管段导向支架安装

导向支架由管道上的管卡和足够坚固的管道支架紧固件组成，主要作用是防止管道横向移动的同时，又能使管道轴向自动调整热胀冷热产生的变量，见图 6-34 和图 6-35。

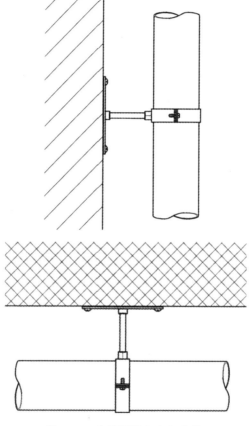

图 6-34　直管段导向支架安装

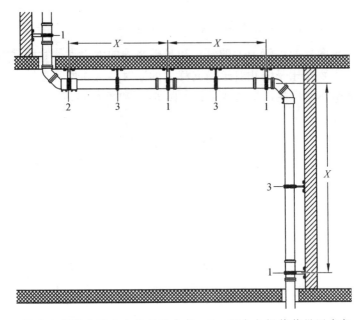

1—固定在膨胀伸缩节上的锚固支架；2—两个电焊管箍锚固支架；
3—直管段导向支架，水平管上导向支架之间间距为 ϕ 10 mm，竖直
管上导向支架之间间距为；X—锚固支架之间的最大距离为 6 m。

图 6-35　带膨胀伸缩节的滑动装置

表 6-20　排水管道支架最大间距　　　　　单位：m

管径/mm	50	75	90	110	125	160	200
立管	1.2	1.5	2.0	2.0	2.0	2.0	2.0
横管	0.50	0.75	0.90	1.10	1.25	1.60	1.70

6.6.2　立管分支管件设置要求

1. 等支管配件 88.5°用作锚定点

通过在混凝土中的紧密嵌入，支配件紧密嵌入混凝土中防

止分支排放管被切断，见图 6-36。

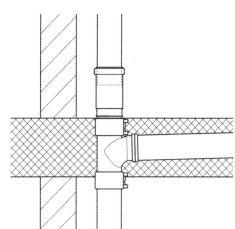

图 6-36 嵌入混凝土中的 88.5°等支管配件

2. 缩径支管接头 88.5°

减少支管配件吸收更少的力和压力，必须在最大距离为40 cm 处使用锚定点进行保护。支路紧密贴合埋入混凝土和锚固点，防止分支排放管被切断，见图 6-37。

3. 苏维托管件

苏维托管件应采用高密度聚乙烯（HDPE）材质，苏维托管件材质应与单立管排水系统的立管管材材质相同，苏维托管件宜采用整体成型。苏维托管件的规格尺寸和材料应符合《建筑排水用高密度聚乙烯（HDPE）管材及管件》CJ/T 25O 的规定。

苏维托管件应具有下列主要功能：

（1）降低排水立管的压力波动；

（2）有效限制立管水流速度，起消能作用；

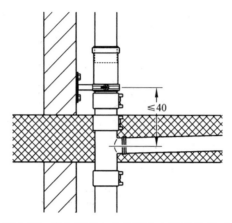

图 6-37　嵌入混凝土中的缩小支管配件 88.5°

（3）使立管水流和横支管水流在水流方向改向之前不互相干扰，不产生水舌现象；

（4）内挡板上部应有足够缝隙，缝隙宽度应与腔体净宽等长；

（5）可同时连接 1~3 个方向排水横支管或连接通气管；

每个连接到立管的楼层都必须安装一个 HDPE 苏维托配件。支管接入立管苏维托配件时必须避免斜对角连接的组合，见图 6-38。

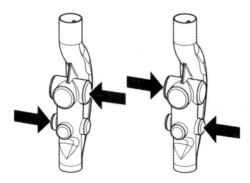

图 6-38　苏维托配件接入支管安装要求

苏维托配件的安装还必须考虑以下规则：

（1）连接管只能对焊；

（2）HDPE 苏维托配件只能安装在水流方向上。配件上箭头指示水流方向，见图 6-39。

2 个苏维托配件之间没有最大距离要求，见图 6-40。

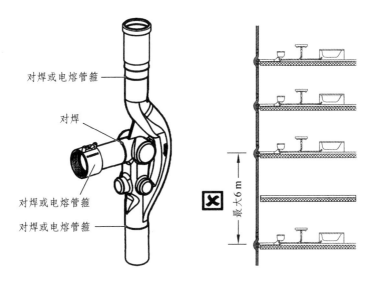

图 6-39　苏维托支管连接要求　　图 6-40　苏维托配件配件之间最大距离要求

同一立管上 HDPE 苏维托配件和支管配件或顺水支管配件不得混合安装，见图 6-41。

当排水支管不大于 De63 mm 时，冷凝水管可以连接到两个 HDPE 苏维托配件之间的立管上，见图 6-42。

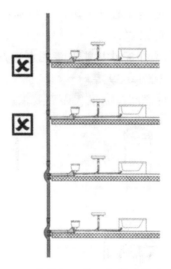

图 6-41 苏维托配件之间最大距离要求

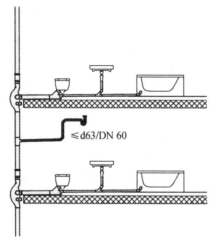

≤d63/DN 60

图 6-42 苏维托配件之间最大距离要求

6.6.3 检查口/清扫口设置要求

检查口为带有可开启检查盖的配件，装设在排水立管及较长水平管段上，可作为检查和双向清通管道之用，见图 6-43。

图 6-43 检查口/清扫口

1. 检查口根据建筑物层高等因素的合理设置

（1）排水立管上连接排水横支管的楼层应设检查口，在建筑物底层必须设置。

（2）当排水立管水平拐弯或有乙字管时，在该层排水立管拐弯处和乙字管的上部应设检查口。

（3）检查口中心高度距操作地面宜为 1.0 m，并应高于该层卫生器具上边缘 0.15 m；如排水立管设有 H 管时，检查口应设置在 H 管件的上边。

（4）在最底层和设有卫生器具的二层以上建筑物的最高层必须设置检查口；通气立管汇合时，必须在该层设置检查口。

（5）当地下室立管上设置检查口时，检查口应设置在立管底部之上。

（6）排水立管上检查口的检查盖应面向便于检查清扫的方位。

2. 排水管道上设置清扫口

（1）连接 2 个及 2 个以上的大便器或 3 个及 3 个以上卫生器具的铸铁排水横管上，宜设置清扫口；连接 4 个及 4 个以上的大便器的塑料排水横管上宜设置清扫口。

（2）水流转角小于 135°的排水横管上，应设清扫口；清扫口可采用带清扫口的转角配件替代。

（3）排水横干管上检查口的检查盖应垂直向上。

（4）生活污、废水排水横管的直线管段上检查口之间的最大距离应符合表 6-21 的规定。

表 6-21　排水横管的直线管段上检查口之间的最大距离

管道直径	生活废水	生活污水
50～75 mm	15 m	12 m
100～150 mm	20 m	15 m
200 mm	25 m	20 m

6.6.4　阻火圈设置要求

建筑塑料排水管穿越楼层设置阻火装置的目的是防止火灾蔓延。

塑料排水立管穿越楼板设置阻火装置的条件如下：

（1）在高层建筑中的排水管。

（2）明设的，而非安装在管道或管窿中的塑料排水立管。

（3）塑料管的外径≥110 mm。

这三个前提条件必须同时存在。这是根据我国模拟火灾试验和塑料管道贯穿孔洞的防火封堵耐火试验成果确定的，见图6-44。

图 6-44 阻火圈/阻火带

苏维托管件采用底部穿越楼板或者 De110 mm 立管穿越楼板时可使用阻火圈做防火封堵，安装方式见图 6-45。

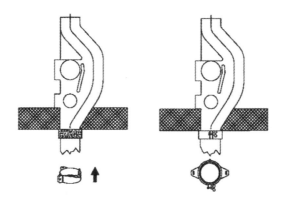

图 6-45 苏维托管件阻火圈安装示意图

苏维托管件采用底中穿越楼板或者非 De110 mm 立管穿越楼板时可使用阻火带做防火封堵，安装方式见图 6-46。

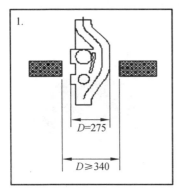

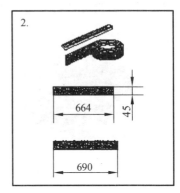

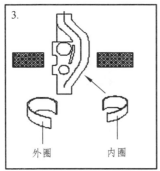

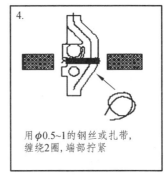

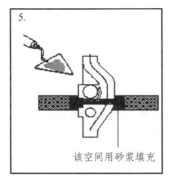

图 6-46　苏维托管件阻火带安装示意图

6.7　通气管布置

6.7.1　通气理论

　　卫生器具排水时，排水立管内的空气由于受到水流的压缩或抽吸，会产生正压或负压变化，如果压力变化幅度超过了存水弯水封深度，就会破坏水封。

　　当污水沿排水立管流下时，携带管道中的空气一起向下流动；当空气受到阻挡时，例如水流从排水横支管进入排水立管瞬间，就会对随水流下来的空气有个反压，此时空气受到压缩。只要压缩到 1/400，就会产生约 25 mm 水压差，危及排水系统的水封安全。因此控制排水系统中立管、横支管、出户管的压力波动在安全范围内，是设置各种通气管的基本原则。

6.7.2　通气管设置目的

　　通气管是建筑排水系统的重要组成部分，重力排水管不工作时，管道内有气体存在；排水时，废水、杂物裹着空气一起向下流动，使管内气压发生波动，或为正压或为负压。若正压过大，则对卫生器具存水弯形成反压，造成喷射、冒溢；若负压过大，则形成虹吸，造成存水弯水封破坏，这两种情况都会造成污浊气体侵入室内。

　　因此，为平衡室内排水管内的气压变化，在布置排水管道时，应同时设置通气管，其目的有四：

　　（1）保护排水管中的水封，防止排水管内的有害气体进入室内，维护室内的环境卫生；

　　（2）排除排水管内的腐气，延长管道使用寿命；

（3）降低排水时产生的噪声；

（4）增大排水立管的通水能力。

6.7.3　通气管设置要求

生活排水管道系统应根据排水系统的类型，管道布置、长度，卫生器设置数量等因素设置通气管。

（1）不设通气管情况。

当底层生活排水管道单独排出且符合下列条件时，可不设通气管：

① 住宅排水管以户排出。

② 公共建筑无通气的底层生活排水支管单独排出的最大卫生器具数量符合表 6-22 规定。

③ 排水横管长度不应大于 12 m。

表 6-22　公共建筑无通气的底层生活排水支管单独排出的最大卫生器具数量

排水横支管管径/mm	卫生器具	数量
50	排水管径≤50 mm	1
75	排水管径≤75 mm	1
	排水管径≤50 mm	3
110	大便器	5

注：① 排水横支管连接地漏时，地漏可不计数量；
　　② De110 mm 管道除连接大便器外，还可连接该卫生间配置的小便器及洗涤设备。

（2）除上述规定外，下列排水管段应设置环形通气管：

① 连接 4 个及 4 个以上的卫生器具且横支管的长度大于 12 m 的排水横支管；

②连接 6 个及 6 个以上大便器的污水横支管；

③设有器具通气管；

④特殊单立管偏置时。

（3）对卫生、安静要求较高的建筑物内，生活排水管道宜设置器具通气管。

（4）建筑物内的排水管道上设有环形通气管时，应设置连接各环形通气管的主通气立管或副通气立管。

（5）通气立管不得接纳器具污水、废水和雨水，不得与风道和烟道连接。

6.7.3 通气管等级

根据对排水系统水封保护程度，可将通用排气方式分为 4 个等级，即伸顶通气、专用通气、环形通气和器具通气。各通气方式的优缺点比较见表 6-23。

表 6-23 常用通气方式优缺点比较

形式	伸顶通气	专用通气	环形通气	器具通气
系统图示				

续表

形式	伸顶通气	专用通气	环形通气	器具通气
优点	通气管材少，造价低，有一定通气效果	可减缓排水立管气压波动，增大通水能力	提高排水支管通畅性，缓减排水系统压力波动	通气效果最佳，能平衡排水系统气压变化
缺点	平衡排水系统气压波动效果差	需专门设一根通气立管，占用管道井面积	通气管材用量多，占用空间较大	造价较高，施工安装复杂，通气管道耗量大
稳定性	水封易破坏	水封较不易破坏	水封不易破坏	水封难破坏
卫生性	卫生间空气质量差	卫生间空气质量较好	卫生间空气质量好	卫生间空气质量最好

6.7.4　通气管管材要求

通气管的管材，宜与排水管道相一致。

6.7.5　通气管和排水管的连接

（1）器具通气管应设在存水弯出口端。在横支管上设环形通气管时，应在其最始端的两个卫生器具之间接出，并应在排水支管中心线以上与排水支管呈垂直或45°连接。

（2）器具通气管、环形通气管应在最高层卫生器具上边缘0.15 m或检查口以上，按不小于1%的上升坡度敷设与通气立管连接。

（3）专用通气立管和主通气立管的上端可在最高层卫生器具上边缘0.15 m或检查口以上与排水立管通气部分以斜三通连接，下端应在最低排水横支管以下与排水立管以斜三通连接；

或者下端应在排水立管底部距排水立管底部下游侧10倍立管直径长度距离范围内与横干管或排出管以斜三通连接。

（4）结合通气管宜每层或隔层与专用通气立管、排水立管连接，与主通气立管连接；结合通气管下端宜在排水横支管以下与排水立管以斜兰通连接。上端可在卫生器具上边缘0.15 m处与通气立管以斜三通连接。

（5）当采用H通管件替代结合通气管时，其下端宜在排水横支管以上与排水立管连接。

（6）当污水立管与废水立管合用一根通气立管时，结合通气管配件可隔层分别与污水立管和废水立管连接，通气立管底部分别以斜三通与污废水立管连接。

（7）特殊单立管当偏置管位于中间楼层时，辅助通气管应从偏置横管下层的上部特殊管件接至偏置管上层的上部特殊管件；当偏置管位于底层时，辅助通气管应从横干管接至偏置管上层的上部特殊管件或加大偏置管管径。特殊单立管如偏置做法如下：

① 当特殊单立管苏维托系统立管偏置小于1 m时，可以不需要任何措施，但是管道走向变化必须使用不大于45°的弯头，见图6-47。

② 当特殊单立管苏维托系统立管偏置 1～2 m 时，需要一根 d110 通气支管来缓解压力，见图6-68。

③ 当特殊单立管苏维托系统立管偏置大于2 m 时，需要一根 d110 通气支管来缓解压力，如图6-49（a）；或者采用上下分区排水，如图6-49（b）。

④ 当特殊单立管速倍通系统立管偏置 1～6 m 时，不需要增加通气支管来缓解压力，水平偏置管也不需排水坡度，见图6-50。

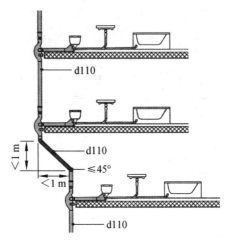

图 6-47　特殊单立管苏维托系统立管偏置小于 1 m

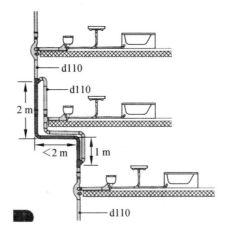

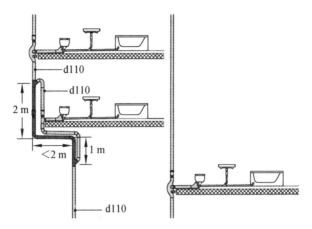

图 6-48 特殊单立管苏维托系统立管偏置 1~2 m

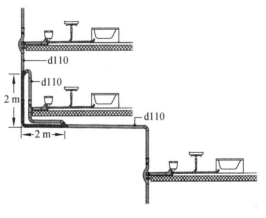

（a）d100 通气支管

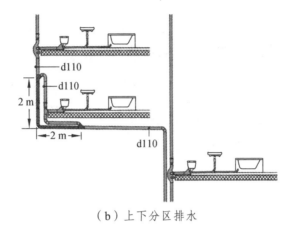

（b）上下分区排水

图 6-49　特殊单立管苏维托系统立管偏置大于 2 m

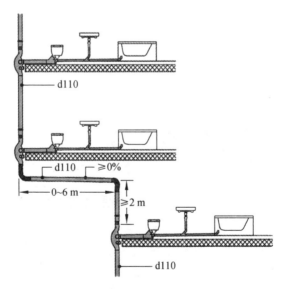

图 6-50　特殊单立管速倍通系统立管偏置 1～6 m

⑤ 当特殊单立管速倍通系统立管偏置大于 6 m，水平偏置管 6 m 以内无需排水坡度，大于 6 m 部分需满足国内标准排水坡度要求，见图 6-51。

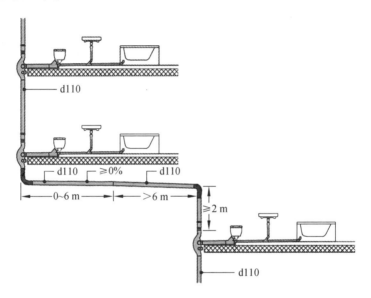

图 6-51　特殊单立管速倍通系统立管偏置大于 6 m

6.7.6　通气管管径

1. 伸顶通气管管径

单独伸顶通气管管径，应同排水立管管径。例如，多层住宅建筑排水立管为 DN100 mm，则伸顶通气管出屋面也是 DN100 mm，包括顶端通气帽，其有效开孔面积不得小于 DN100 mm 断面面积。

2. 专用通气管、结合通气管和合并通气管管径

（1）当通气立管高度<50 m 时，其管径一般可比排水立管

小一号，当同时连接环形通气管时，应同排水立管管径；当通气立管高度≥50 m时，其管径应同排水立管管径。

（2）结合通气管是连接排水立管与通气立管的管段，其管径应不小于两者中较小者。

（3）当2根或2根以上排水立管的通气管汇合连接时，合并通气管的断面积应为最大一根排水立管的通气管的断面积加其余排水立管的通气管断面积之和的1/4。计算见图6-52和表6-24。示例见图6-53。

3. 通气管最小管径

通气立管长度不大于50 m且2根及2根以上排水立管同时与1根通气立管相连时，通气立管管径应以最大一根排水立管按表6-25确定，且其管径不宜小于其余任何一根排水立管管径。

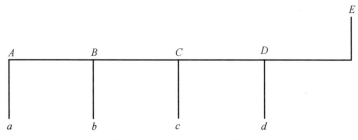

图 6-52　合并通气管计算图

表 6-24　合并通气管计算表

合并通气管段	A—B	B—C	C—D	D—E
合并通气管断面	a_f	$a_f+1/4\,b_f$	$a_f+1/4$ (b_f+c_f)	$a_f+1/4$ ($b_f+c_f+d_f$)

注：表格中以 a_f 为最大1根排水立管通气管计。

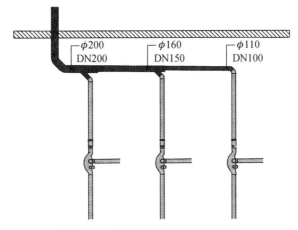

图 6-53 合并通气管各管段管径图

通气管管径除了应根据排水管流量或通气流量、通气管长度计算外，还应满足表 6-25 所示的最小管径。

表 6-25 通气管最小管径

通气管名称	排水管管径/mm				
	50	75（90）	100（110）	125	150（160）
器具通气管	32	—	50	50	—
环形通气管	32	40	50	75	—
通气立管	40	50	75	125	100（110）

注：① 有（ ）数字为塑料管管径；
　　② 2 根污、废水立管共用通气管时，应以最大 1 根排水立管管径确定通气立管管径；
　　③ 伸顶通气管在严寒地区（最冷月平均气温低于 -13 ℃），应在室内平顶或吊顶以下 0.3 m 处将管径放大一级。

6.7.7　高出屋面的通气管设置要求

（1）通气管高出屋面不得小于 0.3 m，且应大于最大积雪厚度，通气管顶端应装设风帽或网罩；

（2）在通气管口周围 4 m 以内有门窗时，通气管口应高出窗顶 0.6 m 或引向无门窗一侧；

（3）在经常有人停留的平屋面上，通气管口应高出屋面 2 m，当屋面通气管有碍于人们活动时，可设置侧墙通气或者自循环通气管道系统，具体设置标准可参考《建筑给水排水设计标准》GB 50015—2019 第 4.7.2 条规定执行；

（4）通气管口不宜设在建筑物挑出部分的下面；

（5）在全年不结冻的地区，可在室外设吸气阀替代伸顶通气管，吸气阀设在屋面隐蔽处；

（6）当伸顶通气管为金属管材时，应根据防雷要求设置防雷装置。

6.8　支管设计原则

排水横支管 90°水平转弯时，宜采用两个 45°弯头。排水横支管的转弯次数不宜多于两次。

通向室外的排水管，穿过墙壁或基础必须下返时，应采用 45°三通和 45°弯头连接，并应在垂直管段顶部设置清扫口。

用于室内排水的水平管道与水平管道、水平管道与立管的连接，应采用 45°三通或 45°四通和 90°斜三通或 90°斜四通。立管与排出管端部的连接，应采用两个 45°弯头或曲率半径不小于 4 倍管径的 90°弯头。

接入排水立管的排水横管管径不得大于立管管径。除特殊单立管外，排水横管与立管的连接应采用顺水三通或 45°斜三通。

埋地塑料管道在埋层中受混凝土或夯实土包覆，不会产生伸缩位移，因此可不设伸缩节。

HDPE 水平横支管排水最小坡度为 1%，标准坡度为 1.5%。

排水水平管管径，下游排水管管径应大于上游排水管管径。采用偏心异径管径，且管顶平接，不得采用底平连接，目的也在于改善上游排水管排水条件，不至于出现淹没出流现象。

管顶平接：可以有效防止上游水流倒灌，避免支管末端排水口返水返臭，见图 6-54。

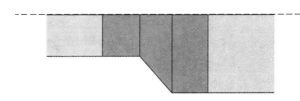

图 6-54　管顶平接

管底平接：易造成末端返水和堵塞，实施过程中不得采用，见图 6-55。

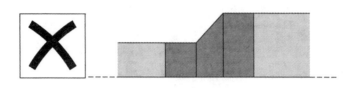

图 6-55　管底平接

管中平接：如遇到薄地面做法卫生间，垫层内排水横支管安装空间不足时，也可采用管中平接，见图 6-56。

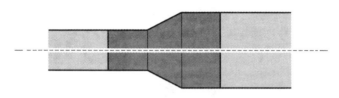

图 6-56　管中平接

6.9　建筑底层单排做法

根据对排水立管通水能力测试，在排出管上距立管底部 1.5 m 范围内的管段如有 90°拐弯时增加了排出管的阻力，无论伸顶通气还是设有专用通气立管均在排水立管底部产生较大反压，在这个管段内不应再接入支管，故排出管宜直排至室外检查井。

立管底部防反压措施有：

（1）立管底部减小局部阻力，如排水立管与排出管端部的连接，宜采用两个 45°弯头、弯曲半径不小于 4 倍管径的 90°弯头或 90°变径弯头。

（2）设有专用通气立管的排水系统可将专用通气立管的底

部与排出管相连释放正压，或底层排水横支管接在 90°拐弯后的排出管管段上。

（3）立管底部放大管径。

苏维托特殊单立管排水系统排水立管底部应设置泄压管，泄压管应由竖向管段和横向管段组成,泄压管应以 45°管件与排水立管和排水横管连接，如图 6-57，连接点距排水立管底部不应小于 2 m。

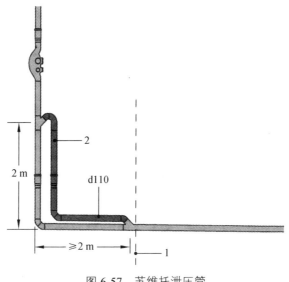

图 6-57　苏维托泄压管

当底层卫生器具排水管接入泄压管时，泄压管管径应与排水立管管径相同。当底层卫生器具排水管单独排出，不接入泄压管时，泄压管管径可比排水立管管径小一级。泄压管管材应与排水管管材相同，泄压管横向管段坡度应与排水横干管坡度相同。

底层卫生器具排水管不单独排出时，可接入泄压管。接入泄压管的卫生器具数量不应多于洗脸盆、浴盆（或淋浴器）、大便器和洗涤盆各一个。卫生器具排水管接入泄压管竖向管段时应按图 6-58 执行。

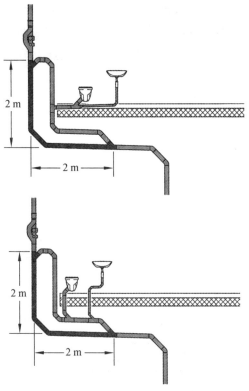

图 6-58　底部卫生器具接入泄压管方式

6.10　埋地管道安装要求

本质上，HDPE 管材能自行吸收自身材料伸展弹性允许的热胀冷缩。然而，如果是大管径的管道（例如 315 mm）由于热胀冷缩引起的侧向应力对管道的影响就应该考虑。鉴于水泥或是混凝土不能黏附在管道上，所以这些作用力只能被预埋的固定点接头吸收。

管道配件作为固定点，其外表面不应与混凝土隔离绝缘，见图 6-59。

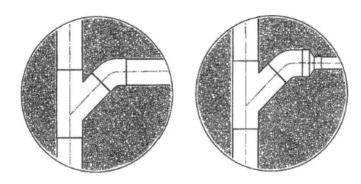

图 6-59　埋在混凝土中的管道配件无需绝缘

对于异型三通，在小管径的支管上必须用一个辅助的锚固配件（例如，电熔管箍连接件、电焊圈）来防止支管的断开，见图 6-60。

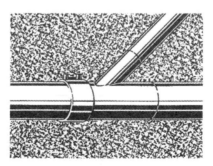

图 6-60　小管径管道配件预埋需辅助锚固

　　对于所有挖沟作业，必须遵守当地的指南、标准和法规。

　　对于地下安装来说，重要的是管道在管沟中的正确铺设，以及小心的加固，见图 6-61。

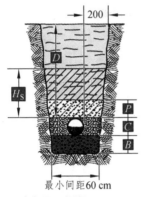

（a）V 形沟渠，圆砾石 0～30 mm，碎砾石 0～10 mm

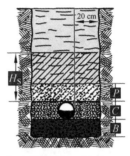

（b）方形沟渠，圆砾石 0～30 mm，碎砾石 0～10 mm

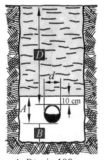

$A=D+$min.100 mm

（c）方形沟渠，混凝土 200 kg/m^3

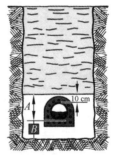

（d）方形沟渠，钢筋混凝土 250 kg/m^3

A—回填层；B—垫层，管道必须具有至少 100 mm 的垫层；

C—固结层，侧面填充至管道上边缘；D—固结层深度；

P—保护层，覆盖至管道顶部边缘上方至少 300 mm，

覆盖整个管沟宽度；H_S—安全高度。

图 6-61　高密度聚乙烯（HDPE）管道埋地敷设方式

根据不同机械压实机，安全高度 H_S：

① 1000 N H_S 振动压实机，为 0.4 m；

② 3000 N H_S 振动压路机，为 0.3 m；

③ 15 000 N H_S 振动压路机，为 0.5 m。

最小覆盖层：

① 道路区域：0.8 m；

② 非道路区域：0.5 m。

最大覆盖层：

覆盖层最大 6 m，在覆盖物最少或负荷较大的情况下，应采用负荷分配板或适当的沟槽剖面等措施。

6.11　排水管穿结构板/墙封堵做法

封堵工艺流程：

（1）管道安装完毕并经通球、通水试验后，方可进行封堵；

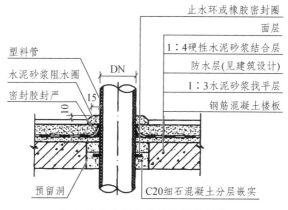

（a）管井内楼板预留洞吊模封堵

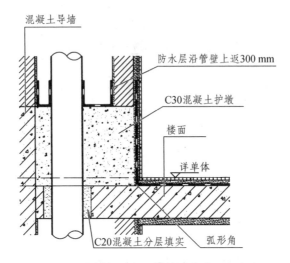

混凝土导墙

防水层沿管壁上返300 mm

C30混凝土护墩

楼面

详单体

弧形角

C20混凝土分层填实

（b）管井内楼板预留洞封堵后浇筑混凝土台

图 6-62　排水管道穿结构楼板

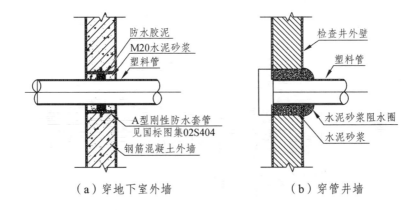

防水胶泥
M20水泥砂浆
塑料管

A型刚性防水套管
见国标图集02S404

钢筋混凝土外墙

检查井外壁

塑料管

水泥砂浆阻水圈

水泥砂浆

（a）穿地下室外墙　　　　　　（b）穿管井墙

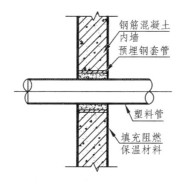

（c）穿钢筋混凝土内墙

图 6-63　排水管道穿墙封堵做法

（2）将原预留洞边及洞壁凿毛，并把垃圾、灰尘清理干净再用清水冲洗干净，润湿 24 小时以上，然后支顶模或吊模，支好模后再用清水冲洗一遍，然后浇筑比楼板混凝土标号高一级的细石混凝土（掺 12%膨胀剂），浇筑高度为楼板厚的 1/3 至 1/2，捣实抹平（不能压光）后注意定期浇水养护；

（3）一次封堵 48 小时后拆除模板并在形成的坑上注满水试验，24 小时后如果不漏水或渗水量微小，即可进行第二次封堵；

（4）二次封堵浇筑前先在坑底及四周刷一层掺防水胶的素水泥浆，然后浇筑比楼板混凝土标号高一级的细石混凝土（掺 12%膨胀剂），浇筑完后比楼板低 1 cm；

（5）第二次堵洞完成后一天即可注水试验，两天后如果不渗漏，堵洞工作结束，可交专业瓦工将洞口上下表面抹平、压光，再交由下一道工序进行施工；

（6）如果第一次堵洞后试水渗漏量较大，或第二次堵洞后渗漏，则须凿开所有堵洞混凝土，重新支模堵洞，堵洞方法与上述方法一样，直到不渗漏为止。

6.12 同层排水马桶选型及安装做法

零/微降板同层排水做法在精装选型上要求选用墙排水壁挂式马桶，马桶的冲水水箱隐藏在假墙内。小降板同层排水项目根据需求可以选用传统落地马桶，也可以选择壁挂式马桶。

6.12.1 隐蔽式冲水水箱选型要求

壁挂式马桶的冲水水箱隐蔽安装在假墙内，为避免箱体渗漏，要求水箱箱体为一次性吹塑成型，无破裂和渗漏隐患。

1. 水箱高度

同层排水工程项目中隐蔽式水箱根据水箱高度、水箱固定方式通常分为四类：高版水箱、矮版水箱、墙面固定式水箱和地面固定式水箱，详见图 6-64。

各种卫生间使用场景需要使用不同高度的水箱产品，高版水箱本体高度为 112 cm/113.5 cm，矮版水箱本体高度为 82 cm，两版水箱基本可以胜任各种安装位置，见图 6-65。

图 6-64　隐蔽式冲水水箱类型

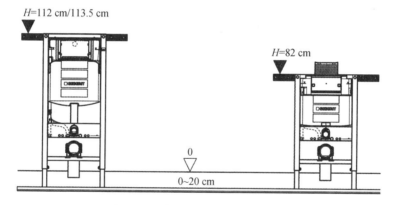

图 6-65　高/低版隐蔽式冲水水箱

　　当水箱安装的位置在窗台下、台盆旁、浴室柜旁等需要造型效果的地方，考虑到这些地方高度一般不超过 90 cm，此时需要选择矮版水箱，见图 6-66。

　　其余位置可采用高版水箱，如图 6-67。

图 6-66　矮版隐蔽式水箱使用场景

图 6-67　高版隐蔽式水箱使用场景

2. 水箱冲水按钮位置

冲水面板在水箱侧面的为前按式，冲水面板安装在水箱顶部的为顶按式。高版水箱冲水面板均为前按式。矮版水箱有前按和顶按两种选择，为适合不同使用习惯提供更多选择。当选用矮水箱时，冲水面板尽量采用顶按形式安装，以避免采用前按安装抬起马桶盖遮挡冲水面板，见图6-68。

图 6-68　矮版隐蔽式水箱冲水面板安装位置

3. 隐蔽式冲水水箱固定方式

隐蔽式水箱地脚螺栓必须固定在结构地面上，并且要与地面固定牢固，不能有任何方向位移，否则会造成假墙及瓷砖碎裂，见图6-69。

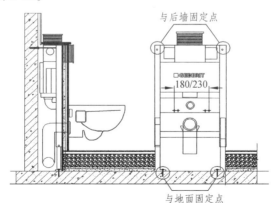

图 6-69　墙面固定式水箱安装大样

水箱支架上的 1 m 标志是指距卫生间地面完成面的高度。排水口距卫生间地面完成面为 230 mm（高版水箱）/220 mm（矮版水箱）。见图 6-70。

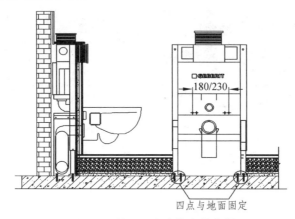

四点与地面固定

图 6-70　地面固定水箱安装大样

墙面固定式水箱要求后面的墙体是承重墙，如果墙体内是空心砖等不适合受力的墙体则不适合安装此类水箱。另一类是地面固定式水箱，此类水箱的固定方式是将水箱固定在结构楼板上，而大多数结构楼板均可承重，所以说此类水箱的适用范围更为广泛。上述两款水箱均需要满足国标的 400 kg 承重要求。

隐蔽式水箱地脚螺栓必须固定在结构楼板上，且要与地面固定牢固，后墙固定点必须固定在混凝土承重墙体上，水箱固定须保证水箱完全垂直，否则安装马桶后会造成假墙及瓷砖碎裂。水箱支架上的 1 m 线标志是指距卫生间地面完成面的高度。隐蔽式水箱安装在假墙内需特别注意排水系统的稳定性。隐蔽式水箱自配排水厕具弯头，与厕具弯头连接的排水横支管需为同种材质、同种生产模具及制造工艺的 HDPE 管道，以确保隐蔽式水箱与管道连接接口的严密性，杜绝漏水隐患。

地面固定式水箱能够不依附于任何墙体自立于混凝土楼板之上，适用于轻质砌块砖、预制条板等非承重墙前。安装位置如果背靠承重墙，选择墙面固定式水箱即可。安装方式见图 6-71。

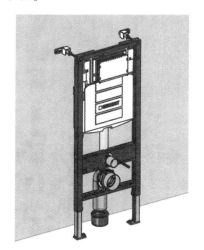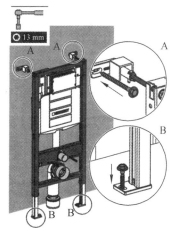

图 6-71　墙面固定式水箱安装做法示意

轻质砌块砖、预制条板等非承重墙前，需采用地面固定式水箱，以确保水箱 400 kg 承重要求。安装方式见图 6-72。

如精装假墙为钢架结构，水箱可依靠钢架进行固定。采用此做法，需提前与精装设计沟通，钢架安装预留水箱安装空间和固定位置。安装方式见图 6-73。

如轻质砌块砖、预制条板等非承重墙前需采用墙面固定式水箱，为满足水箱 400 kg 承重要求，可采用 F 形支架、通丝背板、角铁斜拉、8 点固定等水箱加固方式。安装方式见图 6-74。

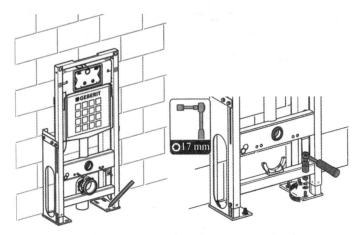

图 6-72　地面固定水箱安装做法示意

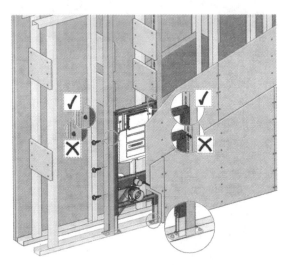

图 6-73　水箱依靠钢架固定做法示意

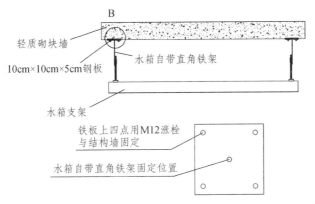

图 6-74　8 点加固做法大样图

注：图 6-74 中墙体形式如图 6-75。

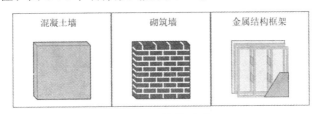

图 6-75　墙体形式

6.12.2　隐蔽式冲水水箱给水连接要求

假墙内冲水水箱给水点连接需采用硬连接，禁止采用软管连接。软管连接长时间受水压影响摆动会导致接口位置漏水，见图 6-76。

6.12.3　隐蔽式冲水水箱检修

冲水水箱隐藏在假墙内，水箱箱体一次性吹塑成型，没有任何接缝，杜绝漏水隐患。水箱内阀件长时间使用后需要清洗水垢，装饰面上冲水面板同时是冲水水箱的检修口，可以方便地进行水箱内阀件的清洗和更换，见图 6-77。

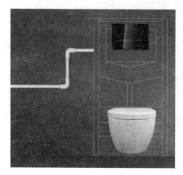

图 6-76　水箱给水连接示意

图 6-77　隐蔽式冲水水箱检修

6.12.4　隐蔽式冲水水箱假墙做法

1. 假墙工艺做法（推荐）

（1）做法一：灰砖（红砖）+钢丝网+瓷砖。

在水箱支架边缘及空隙处用砖砌，与支架表面平整，用略大于支架的钢丝网把水箱支架整体封起来，将钢丝网固定（可用钉）在砖墙上，预留水箱保护框、冲水管、排水管、螺杆位置，用水泥粉刷找平，批荡完成后贴上瓷砖，见图6-78。

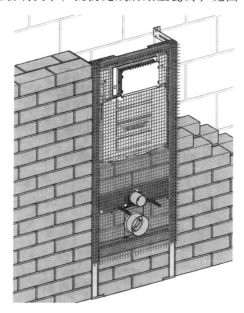

图 6-78　假墙做法示意

（2）做法二：灰砖（红砖）+封板（石膏板/水泥板）+钢丝网+瓷砖。

此做法跟前述（1）的区别是在水箱箱体前封板后再贴砖。

（3）做法三：轻钢龙骨+防潮石膏板/石材。

制作用于挂大理石（或水泥板）的轻钢龙骨时，龙骨的框架面须与支架面齐平，大理石与水箱之间不得有空隙，大理石底面须与水箱面紧贴，否则容易造成大理石开裂。

（4）做法四：轻钢龙骨+封板（石膏板/水泥板）+钢丝网+瓷砖。

注意：假墙做法需考虑装饰材料厚度，总装饰面厚度过大会影响卫生间使用空间，还需另订购水箱加长配件。

2. 假墙尺寸要求

假墙一般预留 200 mm 净空间（200 mm 净空间不包括假墙装饰面层厚度）。如个别卫生间因尺寸限制，当采用墙面固定式水箱时，假墙净空最小可预留 170 mm 净空间。精装完成面紧贴水箱支架，装饰面做法厚度不宜超过 60 mm。

6.12.5 隐蔽式冲水水箱匹配马桶型号

项目选用的品牌挂厕只要满足以下要求，均可与吉博力水箱匹配安装，见图 6-79。

（1）壁挂式坐便器螺栓孔间距为 180 mm/230 mm；

（2）壁挂式坐便器冲水口与排水口管中间距为 135 mm；

（3）马桶排水口管中间距完成面为 220 mm/230 mm；

6.12.6 壁挂式马桶安装高度

根据人体工程学，马桶高度为 400 mm 时是人体使用最舒适的高度，所以要保证马桶出水口距地面完成面 220 mm/230 mm，允许 10 mm 误差。马桶的高度一般都在 39～42 cm，见图 6-80。

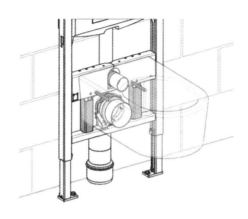

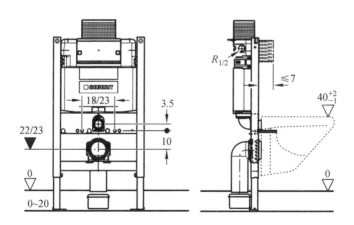

图 6-79　隐蔽式冲水水箱技术参数图

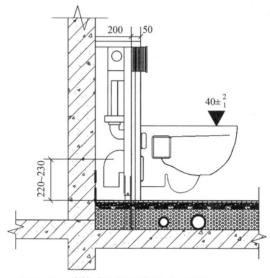

图 6-80 壁挂式马桶安装尺寸（单位：mm）

6.12.7 智能马桶（盖）安装预留条件

对于卫生间选用智能马桶或者后配智能马桶盖情况，项目前期方案阶段需要综合精装点位，提前考虑假墙预处留对应的水、电点位，以确保后期可以满足供水、供电的要求，见图 6-81。

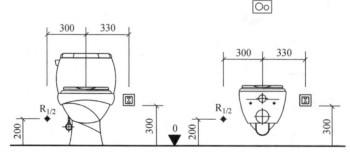

图 6-81 落地、挂墙智能马桶水电点位预留做法示意（单位：mm）

6.13　同层排水末端存水弯安装做法

6.13.1　洗脸盆末端支管安装要求

台盆存水弯，可应用于后排水和下排水方式；也有紧凑型和隐蔽式台盆存水弯，适用于台盆下空间较小或无障碍卫生间。

洗手盆位置相对自由，洗脸盆排水支管为 De50 mm，可在地面填充层内敷设。当采用横排地漏时，洗脸盆均需要设置存水弯，见图 6-82 和图 6-83。

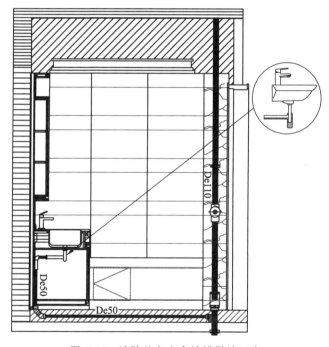

图 6-82　洗脸盆存水弯墙排做法示意

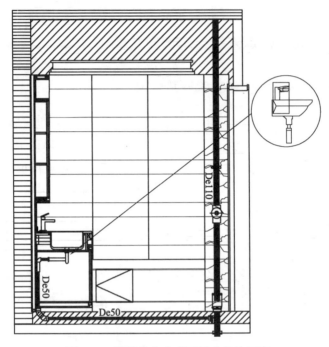

图 6-83　洗脸盆存水弯下排水做法示意

6.13.2　洗衣机/洗碗机存水弯安装要求

　　随着生活水平的提高，洗衣机、洗碗机已经逐步成为家庭生活器具的标配之一，但是配套的排水隔气产品却没有被重视，往往会造成排水不通畅、异味进入设备等后果。

　　对于洗衣机，经常做法是把排水管直接插入地漏来进行排水。这种方式，对于下排水双缸洗衣机来说没有太大问题，因为双缸洗衣机是重力排水，排水管较大，水量和水压都不会对地漏及管道排水有影响。但是对于滚筒洗衣机来说，其排水管口径、排水量和排水水压都与双缸洗衣机不同，直接插入地漏就不适用，往往会造成排水不畅、易反水等后果。

另外，厨房内的洗碗机，作为对卫生清洁有着较高要求的生活器具，通常直接接入厨房废水排水管，若没有适当的水封隔离，排水管中的油腻、异味就会畅通无阻地进入到洗碗机，污染碗碟，甚至影响我们的身体健康。

关于洗衣机排水建议按以下方式进行考虑：

（1）洗衣机布置于专用阳台，并有条件设置专用排水立管时，宜选用同层排水形式排出室内；

（2）洗衣机布置于下层卧室、客厅等敏感区域上方时，应采用同层排水的方式；

（3）洗衣机毗邻卫生间布置时，可结合卫生间布置直接将洗衣机排水管与卫生间排水串联汇入排水立管排出室内，如图6-84；

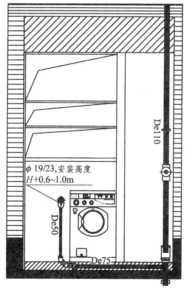

图 6-84 洗衣机墙排存水弯安装示意

（4）洗衣机布置于厨房内时，结合厨房板上排水的做法设置洗衣机专用墙排存水弯排水，此做法排水管可在墙面剔槽安装，不需要在厨房增加结构降板即可实现管道安装，如图6-85。

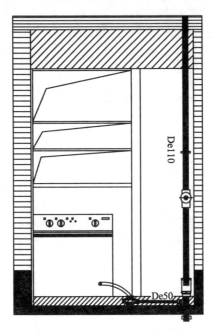

图 6-85　洗衣机地漏安装示意

6.13.3　浴缸存水弯安装要求

浴缸排水支管末端需要设置存水弯，以防止管道返味。可以采用成品浴缸落水（内部需自带存水弯），也可以采用在垫层内设置直埋式存水弯。采用直埋式浴缸存水弯时，方便业主个性化选用浴缸或者淋浴房，见图6-86。

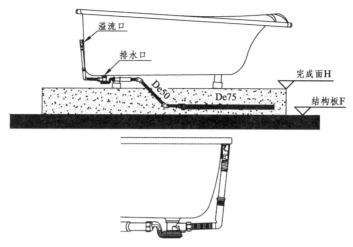

图 6-86　浴缸存水弯安装大样图

备注：浴缸排水设计需根据精装浴缸选型确认浴缸是否自带存水弯，如浴缸自配带存水弯去水，则排水支管不能再设置存水弯，以避免出现双水封问题。

6.14　地漏类型及性能介绍

6.14.1　地漏的设置

（1）卫生间、盥洗室、淋浴间、公共厨房等需经常从地面排水的房间应设置地漏；不设洗衣机的住宅卫生间、公共建筑卫生间（因有专门清洁人员打扫）等不经常从地面排水的卫生间可不设地漏。

（2）地漏应设置在易溅水的卫生器具，如洗脸盆、拖布池、小便器（槽）附近的地面上。

（3）地漏设置的位置，要求地面坡度坡向地漏；地漏箅子面应低于该处地面 5~10 mm。

（4）干湿分离时，洗手盆独立区不建议设置地漏，避免长期不用造成水封干涸返臭；如必须设置干区地漏，应使用洗手池下水对地漏进行补水，地漏采用双通道地漏形式。

（5）需选用自带水封的横排水专用地漏，无需再设置管道式存水弯，严禁排水系统设置"双水封"，节省排水系统安装所需空间。

（6）地漏不宜设置在马桶下游及浴缸下游，若无法避免时，需将管线接入点拉长，避免上游排水时造成地漏返溢，最宜单独接至立管或接口靠近立管设置。浴区地漏宜在马桶上游，如不能实现，则应与马桶分别接入立管，并保持高低位布置。

6.14.2　地漏的选用

（1）卫生标准要求高、管道技术夹层、洁净车间、手术室及地面不经常排水的场所，应设密闭地漏。

（2）公共厨房、淋浴间、理发室等杂质、毛发较多的场所，排水中挟有大块杂物时，应设置网框式地漏。

（3）管道井等地面不需要经常排水的场所，应设置防干涸地漏。

（4）卫生间采用同层排水时，应采用同层排水专用地漏。

（5）水封容易干枯的场所，宜采用多通道地漏，以利用其他卫生器具，如浴盆、洗脸盆等排水来进行补水；对于有安静要求和设置器具通气的场所，不宜采用多通道地漏。

6.14.3　地漏主要性能要求

同层排水采用的地漏宜自带水封（内置存水弯），并应符合现行国家标准《建筑给水排水设计规范》GB 50015 和现行行业标准《地漏》CJ/T 186 的规定。地漏宜采取防止水封干涸和防返溢措施。

（1）自清能力：当不可拆卸清洗时，有水封地漏的自清能力应能达到 90%以上；当可拆卸清洗时，有水封地漏的自清能力应能达到 80%以上。

（2）水封稳定性：有水封地漏在正常排水的情况下，当排水管道负压为（-400±10）Pa 并持续 10 s 时，地漏中的水封剩余深度应不小于 20 mm。

横排水地漏分为单通道、双通道两种，地漏本体为 HDPE 材质，自带 1.5%坡度，可直接与支管焊接；地漏排水流量不小于 0.9 L/s；水封深度 50 mm，满足国家规范要求；地漏芯可手工取出清洗、更换，方便维护。

6.14.4　地漏的形式及应用

单通道地漏可用于干区和湿区排水，直接接入横支管或立管；安装高度为 11 cm。

双通道地漏可用于干区和湿区排水，上游接台盆或淋浴房，下游接入横支管或立管。上游用水时，排水可部分对地漏存水弯进行补水，避免水封失效。

单通道洗衣机地漏可用于下排水洗衣机，如双缸洗衣机、下排水滚筒洗衣机，如图 6-87。

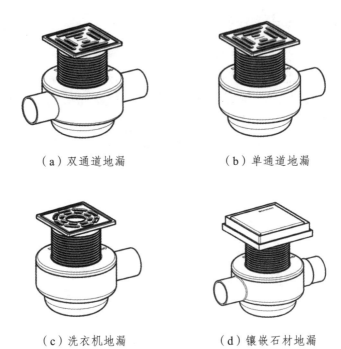

（a）双通道地漏 （b）单通道地漏

（c）洗衣机地漏 （d）镶嵌石材地漏

图 6-87 横排水地漏形式

6.14.5 地漏的安装

1. 地漏的安装工序

地漏的安装工序见图 6-88。

Ⅰ. 地漏顺水流方向安装，用水平尺确保地漏本体水平度，避免倾斜。

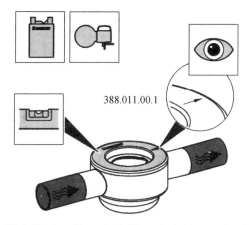

388.011.00.1

II. 地漏安装后，盖上泡沫块，防止施工垃圾进入。

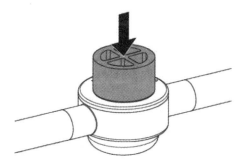

III. 卫生间地面回填时注意地漏成品保护，防止跑位、倾斜。

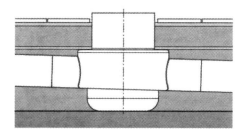

Ⅳ．地面回填以及装饰层施工时，须保证泡沫块居中，以确保螺纹圈正确安装，防止错位安装导致漏水返臭。

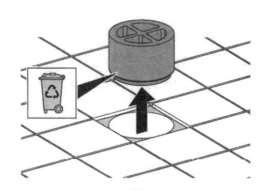

Ⅴ．施工验收完成后，回收保护盖，安装地漏格栅。

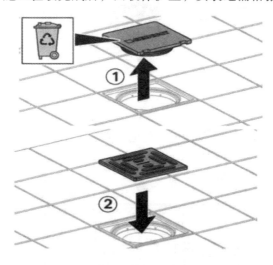

Ⅵ. 地漏螺纹圈安装完成后，四周打密封胶，防止漏水返臭。

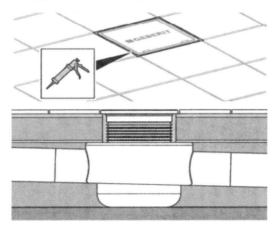

Ⅶ. 施工过程中，地漏始终使用保护盖密封，防止施工垃圾进入。

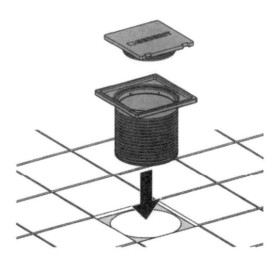

Ⅷ. 安装地漏芯。

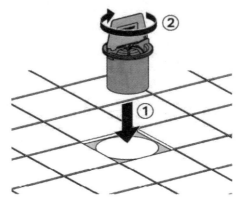

图 6-88　地漏的安装工序

2. 地漏防水收边做法

横排水地漏在回填层内安装时需要做好防水收边，以防地面上淋浴水透过防水层进入回填层。上层防水层可刷涂在地漏本体上，依靠压环收口压边，见图 6-89。

3. 地漏凹槽做法

针对薄地面做法项目，特别是南方地区无地暖和新风的项目，为满足小降板同层排水管道安装需求，卫生间地面做法总厚度不应低于 12 cm，且地漏排水支管长度不应大于 3 m。如卫生间地面垫层总厚度为 8～11 cm，为安装地漏需要，地漏底部预留或者施工时剔凿 $\phi150\times30$ mm 凹槽，将地漏存水弯预埋进入楼板里，可参考图 6-90。考虑到可能的积水对结构楼板内钢筋的腐蚀，地面做法厚度尽可能满足地漏安装空间要求。

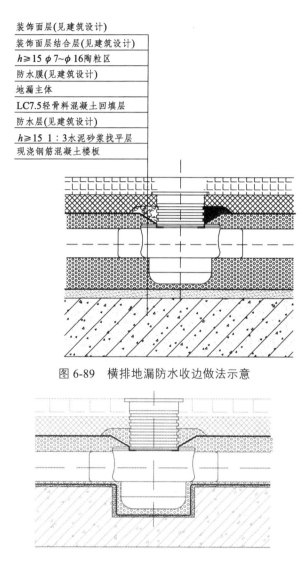

装饰面层(见建筑设计)
装饰面层结合层(见建筑设计)
$h \geqslant 15$ $\phi 7 \sim \phi 16$陶粒区
防水膜(见建筑设计)
地漏主体
LC7.5轻骨料混凝土回填层
防水层(见建筑设计)
$h \geqslant 15$ $1:3$水泥砂浆找平层
现浇钢筋混凝土楼板

图 6-89　横排地漏防水收边做法示意

图 6-90　地漏剔凿做法示意

6.14.6 地漏的检修

地漏主要依靠水封隔臭，在使用中应注意防止水封干涸，定期注水，特别是不经常使用的位置，如干区地漏、阳台地漏、洗衣机地漏等，应定期检查地漏水封，确保地漏水封充足。

如业主外出旅游或者长时间不使用卫生间，建议盖上地漏黑色塑料盖，这样可以延缓水封蒸发，也可以有效防止地漏返臭和蚊虫通过排水管道进入卫生间。

地漏使用过程中，需要取下格栅进行定期清洁，确保地漏内没有杂物，防止地漏淤塞、管道堵塞。必要时可对下水道进行消毒除臭处理，再将地漏重新安装好。

6.15 同层排水降板区渗水原因及对策

6.15.1 同层排水降板区渗水原因

（1）防水层破坏造成地面水渗入。包括人为野蛮施工造成管道破裂；回填层材料不达标、施工不规范、强度不够造成防水层破坏；墙角、地漏及管道处的防水加强措施不够，造成防水层破坏。

（2）防水层高度不够。如淋浴房、浴盆等处未达到规定高度。

（3）管道接口老化、在极端温差条件下膨胀变形导致接口漏水等。

6.15.2 二次排水做法

降板区域（或建筑面层抬高区域）不应有漏水或积水现象。降板区域应使用优质管材和管件，宜采用热熔连接的高密度聚乙烯（HDPE）管材和管件；若采用非热熔连接的塑料排水管或柔性接口机制排水铸铁管，降板区域除采取积水排除措施外，二次排水系统接入排水立管前还应设置水封，且应具有防干涸和防返溢功能，或者单独设置二次排水立管进行明排。

二次排水系统，应采用管线分离技术，即排除系统与建筑结构可以完全分离，管线拆除与更换时不得破坏建筑结构。

二次排水系统技术措施的原则：

（1）排水点必须低于结构防水层，使得防水层上不存留积水。

（2）二次排水系统在结构防水层位置必须有防水收口结构，使得防水层不会存在与系统结构上的分离。

（3）二次排水系统必须在本身的产品构造上能够防止水从除积水排除点外的任何其他位置渗漏下去。

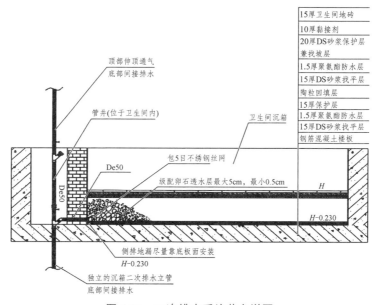

图 6-91　二次排水系统节点详图

（4）二次排水系统排水，可以接至以下区域：室外干井；地下室车库雨水沟；通过有补水措施的存水弯接到污废水排水系统。

卫生间如设置二次排水系统，管井净空间需增大 100 mm×100 mm，具体可根据项目原管井尺寸确定。

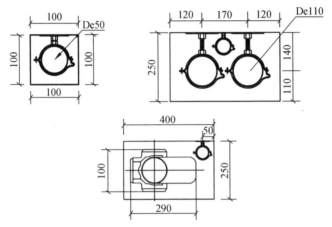

图 6-92　二次排水系统立管大样图（单位：mm）

在实际项目中，不建议采用垫层二次排水，原因有：

（1）二次排水系统只是在防水层漏水的情况下进行排水，使用的概率很小。

（2）二次排水系统经过长时间的使用，会在管道内壁产生生物膜，生物膜会覆盖二次排水系统的细小孔洞，这样二次排水也失去了作用。

（3）二次排水系统没有条件设置存水弯，即使设置存水弯，存水弯也会在长时间使用中因为无法得到补水而失去隔气作用，那样排水系统内的污浊空气同样会进入室内，影响室内空气。

7 卫生间同层排水图纸深化流程

7.1 项目技术配合流程

7.1.1 方案配合阶段

1. 与甲方/设计院沟通

与甲方/设计院设计师沟通获取项目信息，沟通内容如下：

（1）地面做法：结构降板尺寸，地面垫层厚度，地面防水、保温层及面层做法等，如无尺寸可以根据卫生间布局提供相应建议。

（2）设计范围：卫生间、厨房、家政间、阳台全部深化还是只深化其中一部分，出户横干管是否深化以及深化范围，是否设置沉箱二次排水系统。

（3）系统形式：单立管、双立管、三立管、苏维托单立管系统，如甲方/设计院设计师无强制要求，可根据项目情况提供相应建议。

（4）洁具形式：墙排壁挂式、落地下排式，甚至蹲便器或者落地后排式。

（5）布局调整：如卫生间布局不合理导致走管空间不足，可沟通卫生间布局能否优化。卫生间立管的位置对卫生间布局、垫层厚度、管井做法，水箱做法均有影响，因此卫生间立管位置是同层排水系统设计时的一个重要参数。

（6）其他：洗脸盆排水形式（墙排/下排），隐蔽式水箱高度要求（高/矮），地漏形式要求（干区是否采用双通道地漏，地漏盖板是否采用隐蔽式），等等。

2. 深化方案所需设计图纸情况

（1）项目建筑图：设计院/甲方提供，用于初步方案设计。

（2）项目给水排水图：设计院/甲方提供，用于投标/报价。

（3）项目精装图：甲方/精装公司提供，用于绘制最终施工图纸。

3. 深化过程与各设计方沟通内容

（1）与设计院设计师沟通：

① 根据设计后的结果，与甲方沟通方案思路及降板尺寸（例如：设计后降板尺寸为 10 cm，原降板尺寸为 5 cm，采用的苏维托污废合流系统管井空间不足）。

② 根据设计沟通后结果，调整图纸、调整方案。

（2）与甲方设计师沟通：

① 制作方案幻灯片，讲解幻灯片，讲解产品，讲解设计方案。

② 根据甲方提出的要求修改方案。

（3）与精装设计师沟通：

① 与精装设计师沟通点位，沟通与排水器具连接方式，沟通水箱预留尺寸。

② 根据沟通结果调整图纸。

4. 同层排水平面图和轴测图绘制

（1）根据要求及点位布局设计平面路由，示例方案如图 7-1。

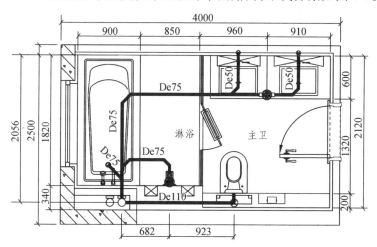

图 7-1　卫生间平面图方案示例

（2）采用斜二测画法绘制系统图，示例方案如图 7-2。

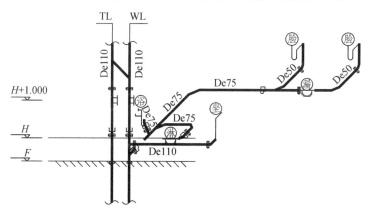

图 7-2　卫生间轴侧图方案示例

轴测图绘制注意事项：

① 确定并标注立管检查口、伸缩节、电焊管箍等配件使用原则和安装位置；

② 确定并标注水平支管偏心大小头、弯头、电焊管箍等使用原则和安装位置；

③ 确定并标注水平横支管末端和横支管接入立管位置标高。

7.1.2　招投标阶段

整理全套招投标图，包含但不限于：图纸封面、图纸目录、设计说明、各部分节点大样图、成品保护大样图、户型排水平面图及轴侧图、建筑平面图、建筑排水系统原理图等。该阶段内主要配合工作如下：

（1）整理全套招投标图；

（2）整理项目材料清单；

（3）与甲方成本和咨询公司工程师核对材料量。

7.1.3　施工图阶段

（1）整理项目全套施工图纸；

（2）按照要求出项目理论样板间量清单；

（3）编写施工进场交底文件，做项目合同交底；

（4）现场技术支持（例如：配合现场预留预埋、读图讲图、配合设计变更等）；

（5）进行每月工地施工质量检查，按要求模板填写检查结果。

7.1.4　竣工结算阶段

配合工程及销售整理竣工图纸。

7.1.5　售后服务阶段

处理项目相关的售后技术疑难问题。

7.2　同层排水图纸设计操作步骤

7.2.1　项目同层排水全套图纸组成

（1）封面；

（2）目录；

（3）设计说明；

（4）水箱安装大样图；

（5）浴缸管道做法大样图；

（6）手盆管道做法大样图；

（7）洗衣机墙排存水弯做法大样图；

（8）地漏做法大样图；

（9）伸顶通气大样图；

（10）通气管与排水管连接大样图；

（11）管道穿墙/结构板封堵大样图；

（12）成品保护大样图；

（13）预留洞定位图；

（14）地下室给排水平面图；

（15）夹层给排水平面图；

（16）首层给排水平面图；

（17）标准层给排水平面图；

（18）顶层给排水平面图；

（19）阁楼层给排水平面图；

（20）给排水系统原理图；

（21）户型给排水平面图；

（22）卫生间给排水平面图。

7.2.2　同层排水图纸专业标注（绘图标准见《卫生间同层排水系统施工标准化图集》）

（1）立管标注：污水立管 WL-；废水立管 FL-；通气立管 TL-；给水立管 GL-。

（2）洁具标注：圆圈带汉字形式，圆圈直径 8 mm，例：洗。

（3）单管标注：高度 3 mm，标注在管道的上层或者左侧。

（4）多管标注：两个或以上适合多管标注；用引线，标注内容要和横线平齐。

（5）加折断线：管道表示延伸处需加折断线，折断线要与管线比例合适。

（6）图名标注：字体选用中西文等高字体，宽高比 0.8；图名横线宽度为 1 mm，与图名齐；比例数字字高比图名小一号，标注在横线外侧。

7.2.3　同层排水图纸内容

1. 设计说明

（1）设计依据的规范要使用最新版，不涉及的规范不要写。

（2）项目概况：项目所在地、总建筑面积、建筑物性质、结构类型、建筑高度、建筑层数、污废水是否分流。

（3）设计范围：楼栋数、卫生间数；是否包括厨房和洗衣机房等辅助用房；系统类型（污水、废水、给水）。

（4）卫生间结构楼板的形式：沉箱降板、小降板、不降板。

（5）立管形式：单立管、双立管、三立管。

（6）管材的材质、系列、连接方式。

（7）图例表格。

（8）说明排水管道与防水层之间的关系，以及回填材料的施工技术措施。

2. 户型给排水大样图

（1）绘制管井大样；

（2）说明沉箱排水支管的排水孔开孔或者封堵做法；

（3）管道标注管径；

（4）地漏标注定位尺寸；

（5）绘制排水点定位；

（6）立管标注编号；

（7）管道穿越剪力墙设置套管；

（8）管道交叉按投影关系打断。

3. 给排水系统图

（1）管径选用原则：干区地漏、洗手盆支管为 De50 mm，浴缸、洗衣机、淋浴地漏支管为 De75 mm，两条支管汇合后管径应为 De75 mm；坐便器支管为 De110 mm。（此条内容可根据项目具体要求调整）

（2）绘制结构楼板和地面完成地面线，并标注标高。

（3）绘制变径和电焊管箍，位置正确。

（4）绘制阻火圈，位置正确。

（5）标注排水方向箭头。

（6）标注排水管坡度。

（7）标注排水支管起始端和与立管连接三通处标高。

（8）绘制立管检查口，并标注距离地面高度值。

4. 给排水平面图

（1）管线出图宽度按 0.4 mm；

（2）干管（包括立管转向）需要双向定位：标高和横向定位，一般是和轴线定位；

（3）管道隔断绘制隔断符，并标明管道去向或来向；

（4）管道交叉按投影关系打断；

（5）穿剪力墙绘制套管，并标注套管类型；

（6）管线上下翻弯处应有扣弯符号；

（7）管道标注管径、变径，位置正确；

（8）需要引用规范或者标准图的位置做引出标注；

（9）出户管道注明出外墙 1.5 m，1.5 m 外由小市政专业设计，接至室外污水检查井。

5. 图纸比例

（1）绘图比例应与建筑底图比例相同；且与图签栏中比例一致；

（2）户型给排水大样图设计比例为 1∶50；

（3）节点大样图比例为 1∶20；

（4）系统图无比例；

（5）设计说明无比例。

7.2.4 同层排水图纸设计注意事项

（1）立管靠近卧室一侧墙体固定，且墙体为二次砌筑轻质隔墙。

解决方法 1：如果方案属于初步设计阶段，可与设计沟通建议调整管井位置。

解决方法 2：管井位置无法调整，需对轻质隔墙管卡固定处进行灌浆处理，立管做隔音棉处理，同时建议精装单位对卧室隔墙内侧进行隔音处理。

（2）马桶远离管井，卫生间布局不得改变。

解决方法：可以在台盆水柜的背后位置做假墙，可以利用柜子藏住管道。

（3）高层住宅排水立管定位时需要注意首层与标准层墙体厚度是否一致，因为高层住宅会根据承重需求改变墙体厚度，一般在首层和地下室位置会出现墙体加厚情况。

解决办法 1：以首层的墙体为基准进行立管洞口预留，优点为立管可保持直上直下，缺点为二层以上楼层的立管距后墙远，浪费使用空间。

解决办法 2：以二层以上楼层的墙为基准进行立管洞口预留，二层立管加弯头躲开 1 层墙体厚度再向下穿楼板，此方案优点为立管距离后墙近，节省使用空间，缺点是在二层的住户管井内找其他位置穿楼板会改变格局，影响销售。

7.3　卫生间降板高度计算

7.3.1　卫生间降板示意图

卫生间零/微、小降板同层排水做法见图 7-3（a），大降板同层排水做法见图 7-3（b）。

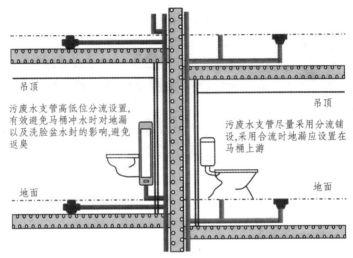

（a）零/微、小降板同层排水做法示意　　（b）大降板同层排水做法示意

吊顶

污废水支管高低位分流设置，有效避免马桶冲水时对地漏以及洗脸盆水封的影响,避免返臭

吊顶

污废水支管尽量采用分流铺设,采用合流时地漏应设置在马桶上游

地面　　　　　　　　　　　　　　地面

图 7-3　卫生间降板示意

7.3.2　降板高度计算

卫生间垫层厚度计算，以图 7-4 和图 7-5 为例。

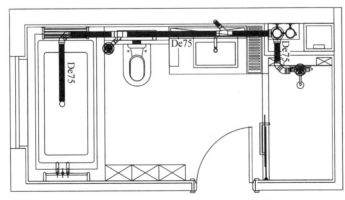

图 7-4　卫生间排水平面布局示意图

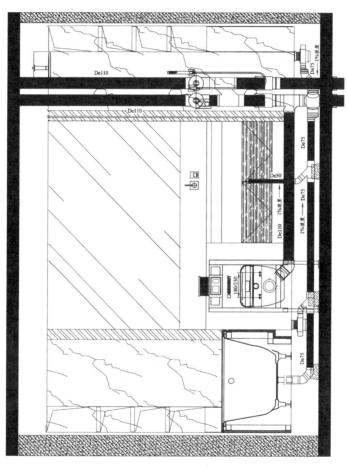

图 7-5　卫生间排水剖面示意图

浴缸为卫生间最远排水点，横支管长度为 3.5 m，HDPE 排水横支管的排水坡度为 1%，则：

（1）走管空间 H_1=35+75=110（mm）：

找坡空间：3.5 m×1%=35 mm；

浴缸排水支管管径=75 mm。

（2）建筑构造做法（参考图 7-6）厚度 H_2=30+50=80（mm）：

结构板找平、一层防水层、保护层厚度=30 mm；

回填层找平、二层防水层、黏合层、装饰面层=50 mm。

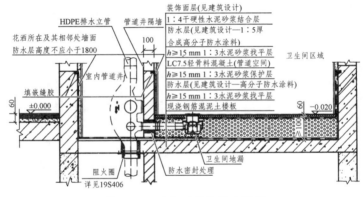

图 7-6　卫生间建筑构造大样图

（3）卫生间建筑做法和走管空间总厚度（结构楼板至精装完成面）：

$$H=H_1+H_2=110+80=190（mm）$$

综上：卫生间建筑做法和走管空间总厚度为 190 mm 时，马桶污水横支管在假墙内安装，De75 mm 横支管长度在 3.5 m 以内可实现同层排水铺设。洗脸盆排水支管（De50 mm）、马桶排水支管（De110 mm）走管空间的计算方式同上。

7.3.3 局部小降板区域的高度计算

1. 后出水（墙排）马桶降板高度计算

卫生间垫层厚度计算，以图7-7为例：

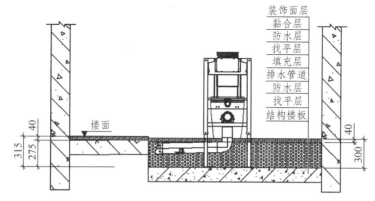

图7-7 局部降板（壁挂马桶）做法建筑构造大样图

假设壁挂马桶为最远排水点，污水横支管长度为3 m，HDPE管道的标准排水坡度为1%，则：

（1）走管空间 H_1=30+110=140（mm）：

找坡空间：3 m×1%=30 mm；

马桶排水支管管径=110 mm。

（2）建筑构造做法厚度 H_2=30+50=80（mm）：

结构板找平、一层防水层、保护层厚度=30 mm；

回填层找平、二层防水层、黏合层、装饰面层=50 mm。

（3）卫生间建筑做法和走管空间总厚度（结构楼板至精装完成面）：

$$H=H_1+H_2=140+80=220（mm）$$

2. 下排马桶走管空间计算

以图 7-8 为例，假设下排马桶为最远排水点，污水横支管长度为 3 m，HDPE 管道的标准排水坡度为 1%，则：

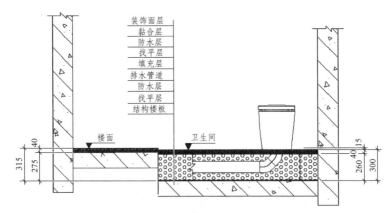

图 7-8　局部降板（落地下排马桶）做法建筑构造大样图

（1）走管空间 H_1=30+110+50=190（mm）：

找坡空间：3 m×1%=30 mm；

马桶排水支管管径=110 mm；

马桶底部弯头部件下排转换方向最小尺寸：50 mm。

（2）建筑构造做法厚度 H_2=30+50=80（mm）：

结构板找平、一层防水层、保护层厚度=30 mm；

回填层找平、二层防水层、粘接层、装饰面层=50 mm。

（3）卫生间建筑做法和走管空间总厚度（结构楼板至精装完成面）：

$$H=H_1+H_2=193+80=270（mm）$$

综上：① 小降板同层排水从结构楼板到精装完成面高度一般不宜超过 270 mm；② 当采用下排马桶，马桶横支管长度不

宜超过 3 m；③ 当采用后排壁挂马桶，马桶横支管长度不宜超
过 8 m。具体结构降板尺寸，根据地面层有无地暖等做法来确定。

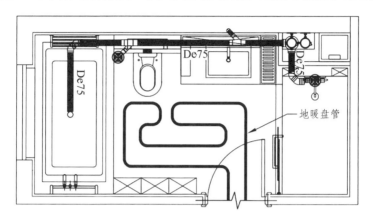

图 7-9　卫生间地暖管和排水管平面图

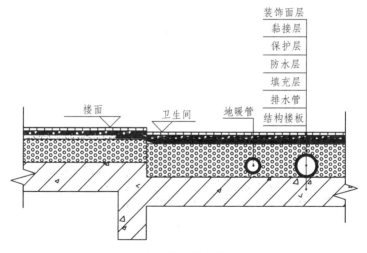

图 7-10　卫生间地暖管和排水管剖面图

7.4 卫生间降板范围确定

7.4.1 可局部降板卫生间类型

一字形干湿分离和干湿不分离卫生间可采用局部降板，具体降板位置见图 7-11 和图 7-12 所示。详细降板尺寸需根据项目实际卫生间以及管井尺寸确定。小降板卫生间，考虑排气管路需求及减少结构荷载，宜采用卫生间局部降板。

粉色阴影为结构降板区域。

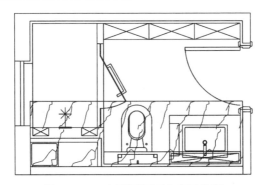

图 7-11 一字型干湿不分离卫生间

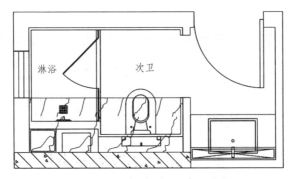

图 7-12 一字型干湿分离卫生间

说明：一字型干湿分离卫生间，当户内有地暖或者新风管，户内地面装饰层做法不小于 10 cm 时，洗脸盆区域可不做结构降板，如图 7-12。

7.4.2 整体降板卫生间类型

U 形和钻石形卫生间因排水点位相对比较分散，需采用整体降板以满足管道埋设和地漏安装所需空间，如图 7-13 和图 7-14。整体降板做法适用于所有卫生间布局。小降板卫生间一般采用整体降板。

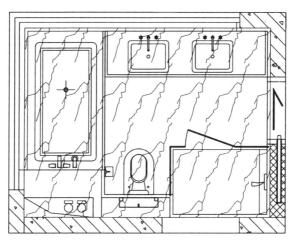

图 7-13 U 形卫生间

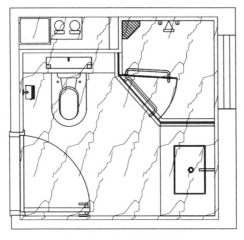

图 7-14 钻石形卫生间

7.5 立管系统形式及预留管井尺寸

7.5.1 卫生间排水立管设计秒流量计算

按照国内排水设计秒流量公式计算和校核排水管管径，公式参见《建筑给水排水设计标准》GB 50015—2019。

$$q_p = 0.12\alpha\sqrt{N_P} + q_{max}$$

式中 q_p——计算管段排水设计秒流量（L/s）；

          N_P——计算管段的卫生器具排水当量总数；

          α——根据建筑物用途而定的系数，取值可参考表 7-1；

          q_{max}——计算管段上最大一个卫生器具的排水秒流量（L/s）。

表7-1　根据建筑物用途而定的系数 α 值

建筑物名称	住宅、宿舍（居室内设卫生间）、宾馆、酒店式公寓、医院、疗养院、幼儿园、养老院的卫生间	旅馆和其他公共建筑的盥洗室和厕所间
α 值	1.5	2.0～2.5

当设计所得流量大于该管段上按卫生器具排水流量累加值时，应按卫生器具排水流量累加值计。

不同形式立管系统介绍如下，其最大设计排水能力参见《建筑给水排水设计标准》GB 50015—2019 中表 4.5.7 中对应数据。

7.5.2　卫生间立管管井尺寸

1. 双立管、三立管污废分流排水系统

双立管、三立管污废分流排水系统适用于小区有中水回用和地方政府有污废分流要求的项目，三立管污废分流排水系统管井排水部分尺寸宜为 540 mm×200 mm（见图 7-15），建议预留三个中心间距为 170 mm、φ150 mm 圆洞；双立管污废分流排水系统管井尺寸参考图 7-16 中普通双立管排水系统相关管井尺寸要求。

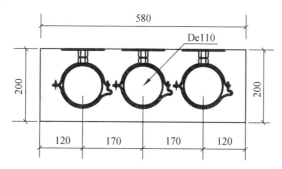

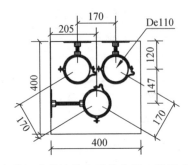

图 7-15　三立管污废分流排水系统立管大样图（单位：mm）

2. 双立管污废合流排水系统

普通双立管排水系统适用于 10 层以上建筑，尤其是对排水效果要求高的高层建筑。其管井排水部分尺寸宜为 400 mm×200 mm（图 7-16），建议预留两个中心距为 170 mm、ϕ 150 mm 圆洞或 400 mm×200 mm 方洞。

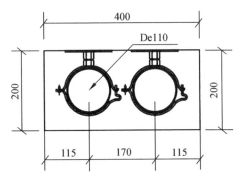

图 7-16　普通双立管排水系统立管大样图（单位：mm）

3. 特殊单立管苏维托排水系统

适用于 8 层以上、但对排水效果和经济性要求较高的高层建筑，特殊单立管系统主要分为两种，其一是特殊单立管苏维托系统，其管井排水部分净尺寸宜为 350 mm×250 mm（图 7-17），建议预留 350 mm×250 mm 方洞。

所有的排水系统的排水能力，按《建筑给水排水设计标准》GB 50015—2019 第 4.5.7 条执行。

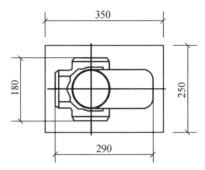

图 7-17 特殊单立管苏维托系统立管大样图（单位：mm）

4. 单立管（De110 mm）伸顶通气排水系统

适用于 8 层以下低层建筑，其管井排水部分净尺寸宜为 200 mm×200 mm（见图 7-18），建议预留 ϕ150 mm 圆洞。

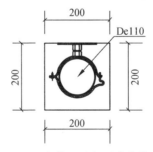

图 7-18 单立管（De110 mm）伸顶通气系统立管大样图（单位：mm）

5. 合用立管

当两个卫生间合用立管时，可采用特殊单立管苏维托排水系统或者采用双立管排水系统，如图 7-19 和图 7-20。

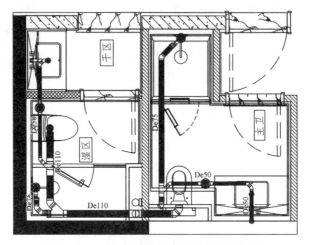

图 7-19　合用立管卫生间排水系统平面图

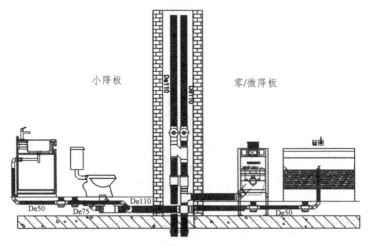

图 7-20　合用立管卫生间排水系统立面图

说明：右侧卫生间采用小降板同层排水，左侧卫生间与右侧卫生间合用立管，但马桶布局相距较远，因此，右侧卫生间可采用零/微降板，左侧卫生间需采用小降板来敷设管道。

7.5.3　卫生间排水横支管管径确定

设计流量取值不应作为设计时建筑立管系统形式选择的唯一依据，还应以避免排水系统返溢返臭，系统设计经验以及项目品质定位、层数层高等要求综合判断。

案例：某项目 A 户型，户内两个卫生间共用 1 套排水系统，每个卫生间内由一个马桶、一个洗脸盆、一个淋浴地漏组成，层高 18 层。

根据《建筑给水排水设计标准》GB 50015—2019 第 4.5.1 条中住宅户内排水设计秒流量计算公式结合查表可得出：

$$设计秒流量\ q_p = 0.12 \times 1.5 \times \sqrt{18 \times (2 \times 0.45 + 2 \times 0.75 + 2 \times 4.5)}$$
$$+1.5 = 4.07\ （L/s）$$

根据生活排水立管最大设计排水能力表可知，所有大于 4.07L/s 的立管形式均可以使用，结合项目的档次定位、甲方成本预算以及管井空间等条件进行立管形式的推荐。如项目对排水、降噪要求较高，且项目定位较高，可推荐双立管 De110 mm 系统；如项目优先考虑经济适用，建议推荐单立管苏维托系统。

根据《建筑给水排水设计标准》GB 50015—2019 第 4.5.4 条中排水横支管水力计算公式，得出横管的排水流量及流速。

$$q_p = A \cdot v$$

$$v = \frac{1}{n} R^{2/3} I^{1/2}$$

式中　A ——管道在设计充满度的过水断面（m^2）；

v —— 速度（m/s）；

R —— 水力半径（m）；

I —— 水力坡度，采用排水管的坡度；

n —— 管渠粗糙系数，塑料管取 0.009、铸铁管取 0.013、钢管取 0.012。

再根据《建筑同层排水系统技术规程》CECS 247：2008 中附录 B：建筑排水高密度聚乙烯管水力计算表（表 7-2）中对应数据，对比得出支管管径设计是否为经济管径。

项目设计时，可参考表 7-3 确定各卫生器具排水管管径。

表 7-2　建筑排水高密度聚乙烯管水力计算表（横管 $h/d=0.5$）

坡度	d_n32		d_n40		d_n50		d_n56		d_n63		d_n75		d_n90		d_n110		d_n125		d_n160	
	流速 (m/s)	流量 (L/s)	流速 (m/s)	流量 (L/s)	流速 (m/s)	流量 (L/s)	流速 (m/s)	流量 (L/s)	流速 (m/s)	流量 (L/s)	流速 (m/s)	流量 (L/s)	流速 (m/s)	流量 (L/s)	流速 (m/s)	流量 (L/s)	流速 (m/s)	流量 (L/s)	流速 (m/s)	流量 (L/s)
0.004																	0.66	3.46	0.78	6.66
0.005															0.68	2.75	0.74	3.86	0.87	7.45
0.006													0.65	1.76	0.74	3.01	0.81	4.23	0.95	8.16
0.007													0.70	1.90	0.80	3.26	0.87	4.57	1.03	8.82
0.008											0.66	1.24	0.75	2.03	0.86	3.48	0.93	4.89	1.10	9.42
0.009											0.70	1.32	0.80	2.15	0.91	3.69	0.99	5.19	1.17	10.00
0.010									0.65	0.83	0.74	1.39	0.84	2.27	0.96	3.89	1.05	5.47	1.23	10.54
0.015					0.67	0.51	0.73	0.72	0.80	1.02	0.91	1.70	1.03	2.78	1.18	4.77	1.28	6.69	1.51	12.90
0.020			0.65	0.30	0.78	0.59	0.85	0.83	0.92	1.18	1.05	1.96	1.19	3.21	1.36	5.50	1.48	7.73	1.74	14.90

表 7-3 卫生器具排水横支管推荐管径

序号	卫生器具名称	排水流量/（L/s）	设计管径（推荐）/mm	备注
1	洗手盆	0.10	De50	
2	洗脸盆	0.25	De50～56	
3	洗涤盆	0.33	De50～75	
4	淋浴器	0.15	De63～75	大流量花洒
5	浴盆	1.00	De63～75	
6	大便器	1.50	De110	

附 录

8.1 杜菲斯隐蔽式水箱爆炸图

杜菲斯隐蔽式水箱爆炸图见图 8-1,各部件名称见表 8-1。

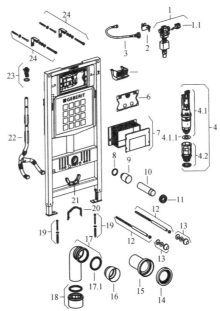

图 8-1 杜菲斯隐蔽式水箱爆炸图

表 8-1　杜菲斯隐蔽式水箱各部件名称

序号	部件
1	Typ380 进水阀，不带补水
1.1	进水阀密封组件
2	Typ380 进水阀固定架
3	金属软管组件
4	排水阀组件
4.1	排水阀
4.1.1	排水阀密封圈
4.2	排水阀阀座
5	排水阀桥架
6	箱体封板
7	结构保护框
8	D45 冲水弯管密封圈
9	D45 冲水弯管保护套
10	冲水直管
11	冲水直管密封圈
12	螺纹杆组件，M12×240
13	螺纹杆装饰盖组件
14	厕具接头密封圈
15	厕具接头
16	D90 厕具弯头保护套
17	厕具弯头，HDPE

续表

序号	部件
17.1	厕具弯头密封圈
18	HDPE 承插转换接头，ϕ 90/141
19	膨胀螺丝组件
20	厕具弯头卡圈
21	厕具弯头卡座
22	进水连接中空管
23	进水角阀
24	墙体固定组件，M10×110

8.2 建筑排水系统水力现象及其防治措施

8.2.1 排水系统水力状态

排水立管上、中层部中的空气压力相对于大气压为负压，底层中的空气压力相对于大气压为正压，参照图 8-2。

（1）A 部：来自排水横支管的水进入排水立管时会遮断排水立管断面，并且在一段时间内排水管内部的水流处于相当混乱的状态。

（2）B 部：该处排水立管内的水流状态几乎可看作是固定的，由排水引起的空气吸引导致在该部位呈现负压趋势。

（3）C 部：从排水立管内急速落下的水，流入横干管，伴随着水流方向的突然变化，水流速度减小，在该处的空气移动不畅，呈现正压趋势。

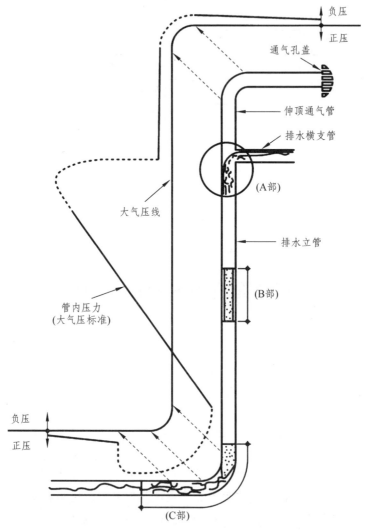

A 部—水舌现象；B 部—水塞现象；C 部—水跃现象。

图 8-2　排水立管内压力分布图

8.2.2 排水系统水封的概念

1. 水封的概念

水封指的是设在卫生器具排水口下，用来抵抗排水管内气压差变化，防止排水管道系统中气体窜入室内的一定高度的水柱，通常用存水弯来实现。

《建筑给水排水设计标准》GB 50015—2019 规定："地漏的顶面标高应低于地面 5 ~ 10 mm，地漏水封深度不得小于 50 mm。"

2. 水封的作用

存水弯阻断空气的原理是水封（图 8-3）。如图 8-4 所示，器具排水后，一部分停留在存水弯内，等下一次排水时再被置换，通过如此简单的方法保证存水弯内一直有水封。由于种种原因水封会有所损失。随着水封的不断损失，水封的水面会低于弯管内顶部，则空气变得可流通。一旦水封被破坏，存水弯也就不起作用了。

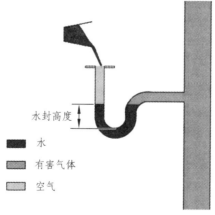

图 8-3 存水弯原理演示图

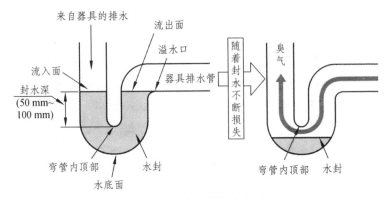

图 8-4　存水弯各部分构成

3. 水封的类型

水封的类型取决于存水弯的类型，不同类型的存水弯如图 8-5 所示。

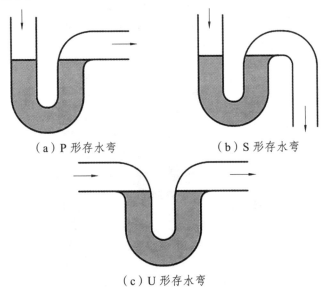

（a）P 形存水弯　　　　（b）S 形存水弯

（c）U 形存水弯

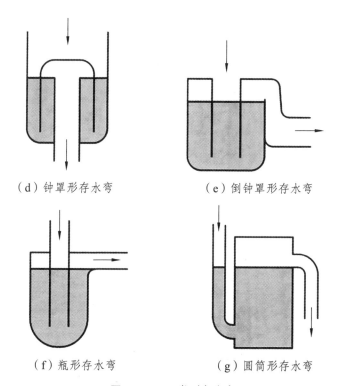

（d）钟罩形存水弯　　　　　　（e）倒钟罩形存水弯

（f）瓶形存水弯　　　　　　（g）圆筒形存水弯

图 8-5　不同类型存水弯

4. 水封损失的原因

　　因排水管内压力变动而产生水封损失，吸出作用也被称为感应虹吸作用。因为这些作用和排水系统的整体结构有关，所以在设计上会比其他现象引起的问题更加重视。当对着吸管吹气时，管内气压为正压状态，水从吸管另一端吹出，这称为溅出作用。

　　流入面和流出面两侧的水封一直在蒸发（图 8-7）。由于与排水管连接的流出面侧一般处于潮湿状态，其蒸发量和流入侧

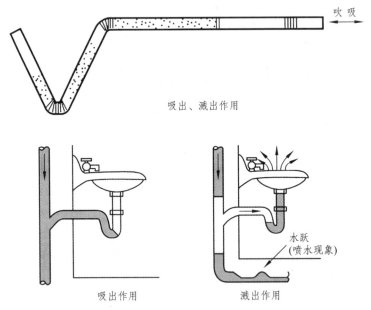

吹 吸

吸出、溅出作用

水跃
(喷水现象)

吸出作用　　　　　溅出作用

图 8-6　水封吸出、溅出作用原理

相比相对较少。流入面侧的蒸发量主要和气温、湿度、气流等空气条件以及水管长度有关。一般，使用空调的房间比不使用空调的房间水分更容易蒸发，根据实验计算得出，流入面的蒸发量损失在使用空调的房间内为 0.7 mm/d 左右，在不使用空调的房间内为 0.2～0.6 mm/d，根据条件的不同损失量可能会更大。

　　当在存水弯溢水口处跨挂线头时，有可能因毛细管现象而产生水封损失，如图 8-8 所示。损失状况和存水弯的形状与口径、水封状态、线头的种类、根数以及线头附着状态有关。例如，有关试验表明，在口径为 25 mm 的存水弯上附着丙烯基线头时，1 个线头约 14 小时、3 个线头约 6 小时后，存水弯水封就会被破坏。当然，在溢水口处跨挂线头的情况是极少的。

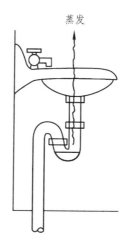

图 8-7　水封蒸发作用原理

图 8-8　水封毛细管现象原理

5. 水封损失的应对措施

（1）加强存水弯性能的有效方法是增大水封深度或断面积比（流出面断面积/流入面断面积），该比值最好大于1。在水封深度方面，给排水规范中规定最小不得低于 50 mm，最大不得超过 100 mm。器具存水弯在地面以上时，很容易增大封水深度。但是，因地面排水存水弯一般都嵌入地中或埋入地下，很难增大封水深度，只能勉强达到最小水封深度。此外，水封深度越深，杂物就越容易残留在存水弯内部，存水弯的自净作用也会变得更差。断面积比对封水强度有较大影响，目前还没有这方面的规定，对于断面积比小于 1 的存水弯有必要考虑增大封水深度。

（2）在排水管道的主要部位连接通气管，使管内空气自由流通，是减小管内压力偏差现象的方法。

（3）增大排水管的管径，加大管内空气的流通断面积，是防止管内正力过大的方法。但是，若增大管径，从节省空间、施工性、经济性等方面考虑较为不利。

（4）使用特殊形状的排水接头，如苏维托、旋流器等，控制排水、空气的流向，是防止管内压力过大的方法。

8.2.2 排水系统常见问题

1. 水舌现象

在传统的排水系统中，排水立管和横支管的连接部采用 T 三通和 TY 三通。如图 8-9 所示，来自横支管的排水使得排水立管处于满水状态，产生水柱，断面暂时被堵塞。在堵塞住的排水立管中，由于水柱落下时需要大量的空气，导致上楼层呈现负压状态，而下楼层由于空气被压缩，容易呈现正压状态。

立管水流和横支管水流相互干扰，影响立管排水能力，同时也会造成横支管排水不通畅，见图 8-9。

为增加立管排水能力，避免排水横支管和立管连接处的干扰，通常需要增加专用通气立管，或使用特殊单立管排水配件。

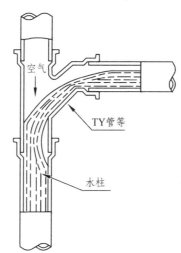

空气

TY管等

水柱

图 8-9　排水横支管与排水立管连接

解决水舌的影响，可以有以下措施：

（1）挡板分流（或称为隔板分流）：用挡板将立管水流与横支管水流分开，如采用苏维托、速倍通等管件。

（2）内管分流：立管插入管件形成内管，内管管底与横支管管内底相平，横支管水流流入对立管水流没有影响。

（3）改向分流：立管和横支管都从管件的顶部接入。

（4）切向接入：排水横支管从切线方向接入管件，如旋流三通、旋流四通、旋流五通、GB 型加强型旋流器等。

2. 水跃现象

在排水立管的最下部（底部），由于排水立管内的排水流下速度和排水横干管内的排水流速不同以及排水方向的急速变化导致的水跃现象会阻断排水横干管的空气层。

由此，排水立管在排水的同时阻断了向下流动空气的出路，在下层产生正压。

由于水流方向改变，流速不同，也由于水流势能和动能的转化，在立管底部会出现水跃和壅水现象，压力波动剧烈。

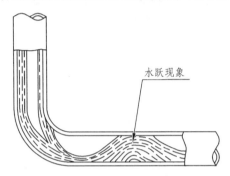

水跃现象

图 8-10　排水立管底部水跃现象的发生

为避免立管底部正压对底层卫生间的影响，通常对底层卫生间接入立管的高度有一定要求，或底层卫生间单独排放。

3. 水柱形水塞现象

当立管水流占据管道横断面积的 1/3 ~ 1/4（7/24）时，会形成水塞，这就是水柱形水塞现象。

水柱形水塞的下方是正压，水塞的上方是负压；正压引起水封水喷溅，负压引起水封水被抽吸，应尽量避免水柱形水塞现象。

规避措施之一是不让水柱形水塞现象发生，如：

（1）管件扩容；

（2）旋流分流；

（3）采用立管通水能力更大的排水系统；

（4）选用管径大一级的排水立管。

　　规避措施之二是水柱形水塞现象即使产生，不产生危害，负压用吸气阀解决，正压用正压缓减器解决。

　　4. H 管件返流现象

　　双立管排水系统，排水立管的水流会随着空气流动经过 H 形连接管进入到通气立管中，通气立管的水流量会达到整个系统排水流量的 30%，同时也会造成双立管排水系统实际流量偏小。在《建筑给水排水设计标准》GB 50015—2019 中双立管排水系统最大流量为 10 L/s。采用普通的 H 形连接管，双立管最大排水流量为 6.5 L/s，无法达到规范规定的数值。采用防窜水 H 形连接管时，排水系统最大排水量为 10 L/s，如图 8-11。

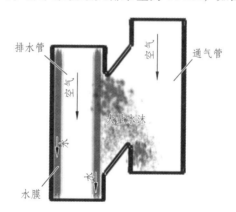

图 8-11　H 管件返流现象

　　解决 H 管件返流问题的办法也简单，结合通气管连接可以解决 H 管件返流问题。如果嫌结合通气管占用三根立管的空间，又多耗用管材，施工安装相对麻烦，非要用 H 管件连接，那可以采用防返流 H 管件，如图 8-12。

图 8-12　防返流 H 管件结构

5. 水帘现象

专用通气排水系统即双立管排水系统，不论是结合通气管连接，还是普通 H 管件连接，在排水立管一侧都有水帘挡住结合通气管或普通 H 管件连接管的气流通道，只是水帘问题过去未被重视。后来用人字形导流接头化解了水帘，正因为有了这些措施，双排水系统立管排水能力才第一次达到 10 L/s 的高度。

6. 漏斗形水塞现象

水塞现象是指排水立管在正常重力排水时，由于管内壁局部结构形状的细微变化，使原附着在管内壁周圈的水流向管中心偏移，形成漏斗现象。水塞现象会造成水流压力波动和水封损失增大，降低立管排水能力，如图 8-13。

W1 型和 W 型柔性铸铁管件连接时，在管内壁会凸出一圈环状凸出物，附壁水流碰到障碍就改变水方向，转向管中心，形成漏斗形水塞现象。

排水立管一旦出现漏斗形水塞，气流通道就被封堵，气流不畅通，水流也就受到影响，而且在立管段重复出现，立管排水能力立马下降一半，由此可见，漏斗形水塞现象必须予以重视。

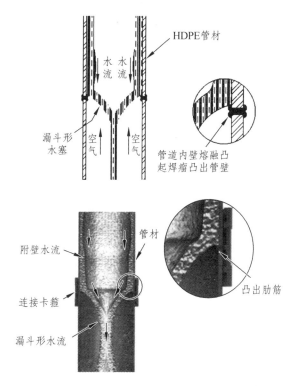

图 8-13　漏斗形水塞现象

　　想要解决漏斗形水塞现象，可从以下方向着手：

　　（1）排水铸铁管：承插口连接，W 形管件和 W1 形管件不能在同一排水立管混用，这已经被确认。同一型号，有的铸铁管生产企业为了保证管件的成品率，有意识地加厚管件壁厚，这也会形成漏斗形水塞，要避免漏斗形水塞问题，只能做到管材、管件在同一排水立管，其外径、壁厚、内径、公差全部一致。卡箍连接，橡胶密封套中间那段受上下立管段挤压，会凸出管内壁，这是会出现漏斗形水塞的又一例。

（2）排水塑料管：热熔对焊连接，一加热、一挤压，环形熔融凸出物凸出管内壁，也会形成漏斗形水塞。倒角热熔对接连接、承插热熔连接、电熔连接、橡胶密封圈连接、端口连接、卡箍连接……都可以有效消除漏斗形水塞现象。

（3）不要混用：不同材质的管材，上游管材用塑料管，下游管材用铸铁管，这两种管材壁厚、内径也不相同，也会形成漏斗形水塞。解决办法是排水立管管材不混用，不同材质不混用，不同型号不混用，不同企业产品不混用，不管是什么原因造成的漏斗形水塞，不管是什么材质，是铸铁还是塑料，不管是什么系统，是伸顶通气还是专用通气，只要出现漏斗形水塞，无一例外，立管排水能力基本上要打个对折。

8.3 速倍通系统

8.3.1 速倍通系统组成

速倍通系统（图 8-14）由苏维托管件（图 8-15）、沛通弯头（图 8-16）、沛利弯头（图 8-17）以及其他 HDPE 管道管件组成。

速倍通可确保排水管中的连续空气柱。苏维托管件分流门可以引导进入苏维托配件的水流，苏维托配件的特殊形状会形成旋流效应，使水流沿着内壁流动。立管内的环状流不间断地继续流动。

沛通弯头上的分流门可以引导进入沛通弯头的水流，立管中的水幕在改变方向之前就被分开了。

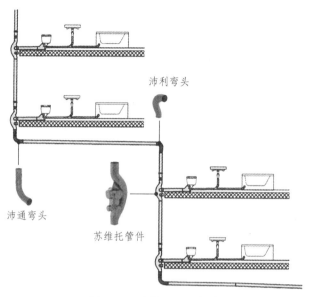

沛利弯头

沛通弯头

苏维托管件

图 8-14　速倍通系统组成

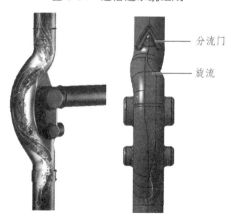

分流门

旋流

图 8-15　苏维托配件

沛利弯头的特殊形状引导水沿着内壁流动。引导水从水平管道到垂直管道的优化过渡。偏置末端，层流被引导回环形流，并且保持空气柱连续完整。

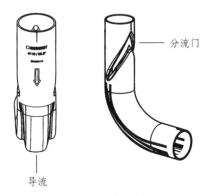

导流

分流门

图 8-16　沛通弯头

旋流

图 8-17　沛利弯头

8.3.2　速倍通系统特性

速倍通系统可实现以下 3 大特点：① 立管转横管处无需泄压管；② 立管转向 6 m 内连续 De110 mm 管径；③ 6 m 内连续不小于 0%坡度；

　　速倍通系统在苏维托系统的基础上，进一步节省了底层和转换层的空间，方便了系统的设计，简化了施工，更少的连接点能减少漏水隐患。

　　瞬间流报告说明了速倍通系统的排水能力，按照《建筑给水排水设计标准》GB 50015—2019 的要求，需要生产商提供系统的瞬间流检测报告来说明排水系统的排水能力。速倍通系统在万科检测的结果是 9.04 L/s，如果按照《建筑给水排水设计标准》GB 50015—2019 的流量计算公式，速倍通单立管系统可以连接 172 个卫生间（每个卫生间有 1 个马桶、1 个洗手盆、1 个浴缸、1 个淋浴、1 个洗衣机）。CTC 认证的报告也是关于排水流量的，不过是不同的测试机构和测试方法，结果也是类似的，而且速倍通的测试结果（9.5 L/s）比之前的苏维托（8.5 L/s）要好，这很好地说明了速倍通系统的可靠性。

8.3.3　速倍通系统安装

　　如果多根速倍通立管连接到同一根横干管，每根立管底部都必须安装一个 HDPE 沛通弯头。连接立管（最长 6 m）在没有水平方向改变的情况下被延长到系统边界。

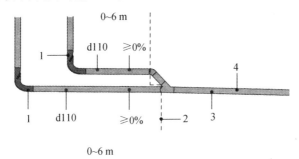

图 8-18　速倍通立管底部连接

如果安装高度有限，建议立管偏置上层排水直接接入偏置管。

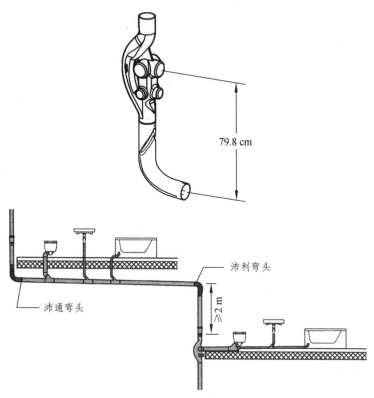

79.8 cm

≥2 m

沛利弯头

沛通弯头

图 8-19 速倍通立管偏置管连接

9 引用标准名录

1.《建筑给水排水设计标准》GB 50015—2019

2.《建筑给水排水及采暖工程施工质量验收规范》GB 50242—2002

3.《建筑排水设计新技术手册》

4.《地漏》CJ/T 186—2018

5.《建筑同层排水工程技术规程》CJJ 232—2016

6.《建筑排水用高密度聚乙烯管材及管件》CJ/T 250—2018

7.《居住建筑卫生间同层排水系统安装》19S306

8.《SEKISUI 特殊单立管（AD.Jet）排水系统》

9.《废水水力学》

10.《规划手册》

11.《应用程序和技术》

12.《卫浴系统产品目录》

13.《排水系统产品目录》